科学出版社"十四五"普通高等教育研究生规划教材

茶树生物学实验技术

韦朝领 主编

科 学 出 版 社

北 京

内 容 简 介

　　本书是科学出版社"十四五"普通高等教育研究生规划教材之一。全书共 4 章,涵盖茶树生物学研究所需的主要实验技术,包括茶树组织与细胞生物学实验技术、茶树生理学实验技术、茶树生物化学实验技术、茶树分子生物学实验技术。该书内容翔实,图文并茂。在明确每项实验的概念与原理基础上,重点介绍了实验流程、步骤及实验过程中需要重点注意的事项;对所有实验技术均列举了实验结果,并对其进行详细描述与分析。

　　本书适合作为高等学校和科研院所茶学、园艺学和林学等相关专业的本科生、研究生和科研人员的学习教材和工具书。

图书在版编目(CIP)数据

茶树生物学实验技术/韦朝领主编. —北京:科学出版社,2023.8
科学出版社"十四五"普通高等教育研究生规划教材
ISBN 978-7-03-075630-5

Ⅰ.①茶… Ⅱ.①韦… Ⅲ.①茶树-生物学-实验-高等学校-教材
Ⅳ.①S571.101-33

中国国家版本馆CIP数据核字(2023)第097034号

责任编辑:周万灏　丛　楠/责任校对:严　娜
责任印制:赵　博/封面设计:图阅社

科　学　出　版　社 出版
北京东黄城根北街 16 号
邮政编码:100717
http://www.sciencep.com
北京建宏印刷有限公司 印刷
科学出版社发行　各地新华书店经销
*

2023 年 8 月第　一　版　开本:787×1092　1/16
2023 年 10 月第二次印刷　印张:9
字数:213 000

定价:49.80元
(如有印装质量问题,我社负责调换)

编委会名单

主　编：

　　韦朝领　安徽农业大学

副主编：

　　王新超　中国农业科学院茶叶研究所

　　朱俊彦　安徽农业大学

编委会成员（以姓氏笔画为序）：

　　刘升锐　安徽农业大学

　　宋传奎　安徽农业大学

　　张照亮　安徽农业大学

　　陆建良　浙江大学

　　房婉萍　南京农业大学

　　徐清山　西北农林科技大学

　　郭　飞　华中农业大学

　　郭玉琼　福建农林大学

　　唐　茜　四川农业大学

　　黄克林　安徽农业大学

　　黄建安　湖南农业大学

　　曹藩荣　华南农业大学

　　曾　亮　西南大学

前　言

习近平总书记在"二十大"报告中提出"加强基础学科、新兴学科、交叉学科建设，加快建设中国特色、世界一流的大学和优势学科"。茶学是我国传统特色的优势学科，茶树生物学是其重要的研究方向之一，该方向的教学和科研需要很多成熟和先进的实验技术作为支撑。目前，茶学专业的教学科研主要参考教材为：安徽农业大学张正竹教授于2009年编写的《茶叶生物化学实验教程》、武夷学院李远华教授于2017年编写的《茶叶生物技术》，前者侧重于茶叶品质成分的测定，后者主要介绍分子生物学技术原理及其在茶树生物学中的应用。

植物化学、细胞生物学、分子生物学的蓬勃发展，推动了大量多学科交叉的实验技术手段进步，茶树生物学作为一个典型的茶学交叉学科，目前尚无专用而系统的实验教材，在实际教学和研究过程中，在上述两本教材的基础上，还要选择《现代分子生物学》《生物化学》《植物生理学》等对应的实验教材的部分内容。基于此，本书编委会成员编写了《茶树生物学实验技术》这本教材，旨在满足高年级茶学专业本科生和研究生的教学和科研需求，帮助学生理解茶树生物学的基础理论，为培养德、智、体、美、劳全面发展的社会主义建设者和接班人提供支持。

本教材主要分为"茶树组织与细胞生物学实验技术""茶树生理学实验技术""茶树生物化学实验技术""茶树分子生物学实验技术"四个章节，内容涵盖了茶树生物学研究方向的主要实验技术。同时，本教材在介绍每项技术实验原理和背景的基础上，对实验步骤和注意事项均进行了详细的描写，而且很多图片和数据均来自编委会成员实际的研究成果，具有很强的真实性和针对性，对读者的实际实验操作更具有指导意义。

本教材的编委会成员长期从事茶树生物学教学与科研工作，均主持或参与多项国家级科学研究项目，发表数百篇高水平学术论文；所在课题团队掌握深厚的茶树生物学基础理论与实验体系知识，为该教材的撰写提供了坚实的方法学基础。本教材所列的实验技术均来自编委会成员及其团队正在使用、切实可行的方法，是多年科研工作与教学实践的经验总结。

虽然生物学实验技术的发展迅速，但许多研究手段与方法在茶树中的应用还处于探索阶段，加之我们水平有限，因此在本教材的编写过程中难免有不妥和疏漏之处，恳请读者提出宝贵意见，以便我们进一步修订完善。

编　者
2023年6月

目 录

第一章
茶树组织与细胞生物学实验技术

第一节　组织石蜡切片与染色

一、实验目的

（1）学习显微镜下观察茶树组织的细胞形态和结构特征的方法。

（2）掌握茶树组织石蜡切片技术的原理和操作方法。

二、实验原理

石蜡切片（paraffin section）是组织学常规制片技术中最为广泛应用的方法，是观察和研究植物器官、组织形态结构以及判断细胞组织形态变化的主要方法。石蜡切片具有制作简单、操作技术容易掌握以及可以制作成永久切片用于长期保存等优点，被广泛用于植物解剖学和分子生物学等研究领域（图1-1-1）。

大多数的生物组织在自然状态下较厚且光线不易通过，不适用于直接通过显微镜观察。植物组织经过固定后，再进行组织脱水、透明、浸蜡和石蜡包埋，切片成为较薄的蜡带，然后选择目标蜡带进行粘片与烤片、脱蜡，最后使用合适的染色液进行染色后在显微镜下进行观察。

三、试剂与器材

（一）试剂

（1）甲醛-乙酸-乙醇（FAA）固定液：福尔马林10 mL，乙酸5 mL，无水乙醇50 mL，用纯净水定容至100 mL。

（2）卡诺固定液：无水乙醇与乙酸以3∶1比例混合。

（3）1.0%番红染色液：1 g番红溶于100 mL的80%乙醇。

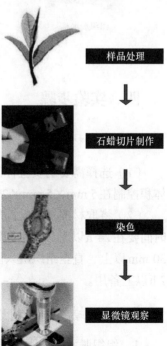

图1-1-1　石蜡切片流程图

（4）0.5%固绿染色液：0.5 g固绿溶于100 mL的95%乙醇。

（5）苏木精染色液：A液，2.0 g苏木精溶于50 mL无水乙醇；B液，20 g硫酸铝钾溶于700 mL蒸馏水。将A液与B液混合，加入20 mg碘酸钠至颜色加深；再加入20 mL乙酸，颜色呈现深葡萄酒红色。

（6）0.5%伊红染色液：0.5 g伊红溶于100 mL 95%乙醇。

（7）0.5%苯胺蓝染色液：0.5 g苯胺蓝溶于0.1 mol/L磷酸钾溶液，总体积为100 mL，避光室温贮存，待颜色变为棕黄色即可使用。

（8）其他：无水乙醇、二甲苯、石蜡、0.1%盐酸、1%稀氨水。

（二）器材

移液器、解剖针、刀片、镊子、真空泵、组织脱水机、包埋机、切片机、展片台、电热鼓风干燥箱、载玻片、盖玻片、毛笔、光学显微镜、荧光显微镜等（图1-1-2）。

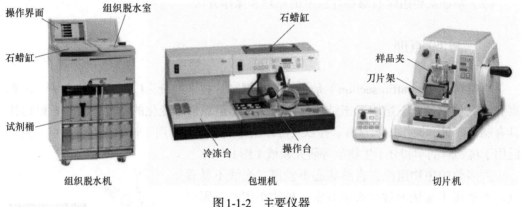

图1-1-2　主要仪器

四、实验步骤

（一）取材与固定

（1）选择需要的实验样品，用洁净且锋利的刀片迅速取样，要求组织新鲜、完整，体积控制在5 mm×5 mm×2 mm之内。

（2）将取材的样品立即放入固定液（FAA固定液或卡诺固定液）。FAA固定液固定时间要在24 h以上，卡诺固定液固定时间在3 h之内。固定结束后，使用真空泵抽气约30 min以上，直至组织沉入固定液底部；用镊子将组织转入70%乙醇中，置于4℃保存2 h以上备用。

（二）石蜡切片的制作

1. 组织脱水、透明和浸蜡

将组织放入组织包埋盒中，此步骤可使用LEICA ASP200S组织脱水机进行，程序

设置如下:

组织脱水:70%乙醇2 h、80%乙醇2 h、90%乙醇1 h、95%乙醇1 h、100%乙醇2 h、重新换100%乙醇2 h。

透明:50%乙醇+50%二甲苯2 h、二甲苯2 h、二甲苯1 h。

浸蜡:石蜡浸泡2 h,待石蜡凝固后,重复2次。

2. 包埋

提前预热LEICA EG1150C包埋机2 h。先在不锈钢包埋盒底模中倒入一部分石蜡,并垂直放置组织样品于底模中心,待盒中石蜡呈现半凝固状态时,再继续加入石蜡至平齐,铺上无盖包埋盒后迅速冷却。

3. 切片

包埋完成后用刀片对蜡块进行修整,一般修成正方形或梯形。使用LEICA RM2255切片机将修整好的组织蜡块切成厚度为5～15 μm的切片。选取完整的目的切片用毛笔挑至42℃的温水上,使蜡片展开。

4. 粘片与烤片

将完整的蜡片转移至载玻片上,并将载玻片放在载玻片架上,于37℃展片台上将水蒸发,再放入37℃电热鼓风干燥箱中烤片3 h。

5. 脱蜡

将切片依次浸入下列溶液:二甲苯10 min、重新换二甲苯10 min、50%乙醇+50%二甲苯5 min、100%乙醇10 min、重新换100%乙醇10 min、95%乙醇5 min、85%乙醇5 min、70%乙醇5 min、50%乙醇5 min、30%乙醇5 min、蒸馏水5 min。

(三)石蜡切片染色与观察

根据不同的观察目的,可以选择不同的染色方法。例如:

1. 番红-固绿染色

本法适用于茶树根、茎、叶等组织的染色,可以将木质化的细胞壁和细胞核染成红色,而薄壁细胞和细胞质染成绿色。将脱蜡后的切片置于1.0%番红染色液中染色过夜,自来水洗去多余染料后用80%乙醇脱色5 min,再使用0.5%固绿染色液染色10 s后,直接用于显微镜观察。

2. 苏木精-伊红染色

本法适用于茶树根、茎、叶等组织的染色,可以将细胞核染成蓝色,细胞质呈现红色。将脱蜡后的切片用苏木精染色5～8 min,蒸馏水洗去残色,用0.1%的盐酸分色数秒,在显微镜下镜检细胞核呈现浅红色时,用蒸馏水洗去盐酸,用稀氨水(1%)反蓝30 s,蒸馏水洗1 min,再用0.5%伊红染色液染色数秒,即可用于显微镜观察。

3. 苯胺蓝染色

本法可以对花粉管进行染色,在紫外光下呈现黄绿色。在脱蜡后的切片上直接滴加0.5%苯胺蓝溶液染色,使用Olympus IX 73荧光显微镜进行显微观察和拍照。

（四）永久切片的制作

若需要长期保存切片，我们可以在镜检后再次进行脱水透明，然后使用中性树胶进行封片，具体步骤如下：

蒸馏水 15 s→30% 乙醇 15 s→50% 乙醇 15 s→70% 乙醇 15 s→80% 乙醇 15 s→95% 乙醇 15 s→无水乙醇 15 s→无水乙醇 15 s→50% 二甲苯＋50% 乙醇 15 s→二甲苯 15 s。用滤纸吸去多余的二甲苯，滴加 1～2 滴中性树胶，盖上盖玻片，注意不要有气泡，等待树脂凝固即可。放置数天后，即可用于观察拍照。

五、实验结果与分析

图 1-1-3 为茶树自交和杂交授粉 48 h 后的子房石蜡切片，通过苯胺蓝染色后，利用荧光显微镜观察可以发现：自交授粉后的花粉管只能进入子房腔，不能进入胚珠中，而杂交授粉后的胚珠中发现了花粉管荧光信号（Chen et al., 2012）。

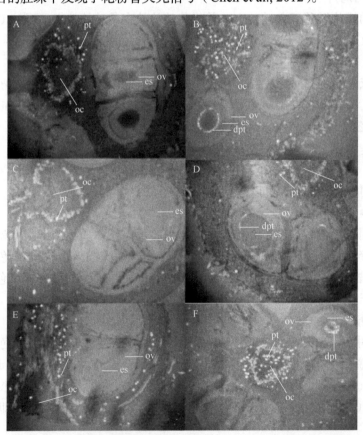

彩图

图 1-1-3　茶树自交和杂交授粉 48 h 后子房的石蜡切片图片（Chen et al., 2012）

A. '龙井长叶' 自交；B. '龙井长叶' 与 '福鼎大白' 杂交；C. '福鼎大白' 自交；
D. '福鼎大白' 与 '薮北种' 杂交；E. '薮北种' 自交；F. '薮北种' 与 '龙井长叶' 杂交；
pt. 花粉管；dpt. 降解的花粉管；es. 胚囊；oc. 子房腔；ov. 胚珠

六、注意事项

（1）二甲苯等试剂有毒性，操作过程中需要佩戴口罩和手套，涉及二甲苯的实验步骤需要在通风橱中操作。

（2）包埋必须一次性完成，包埋过程中的镊子和不锈钢包埋底盒都需要在石蜡中预热，防止包埋过程中蜡块出现温差，导致包埋不均匀影响后续切片。

（3）切片时刀片与蜡块切面要保持平行，要及时清理残蜡并收集完整的蜡带，避免造成蜡带的断裂弯曲。

（4）福尔马林是甲醛的水溶液，无色透明，具有腐蚀性；番红是碱性染料，溶于水和酒精；固绿是酸性染料，溶于水（溶解度为4%）和乙醇（溶解度为9%）；苏木精染色液为碱性，使细胞核内的染色质与胞质内的核酸着紫蓝色；伊红为酸性染料，可使细胞质和细胞外基质中的成分着红色；苯胺蓝为棕色粉末，溶于乙醇，不溶于水。

第二节　花粉管染色

一、实验目的

（1）观察茶树花粉管在花柱中的生长状况。
（2）学习和掌握茶树花粉管的染色方法。

二、实验原理

花粉是植物携带遗传信息的生殖细胞。在有性繁殖过程中，携带父本遗传信息的花粉通过风媒或虫媒传粉等方式落到母本的柱头上，随后花粉粒吸水，从花粉萌发孔生长出花粉管，花粉管需穿过柱头，伸入花柱，直至进入胚珠中完成受精作用。

目前苯胺蓝染色法已经用于许多作物的花粉管染色，水溶性的苯胺蓝染料可以使花粉管壁和花粉管的胼胝质塞染色，并在紫外光下呈现黄绿色。通过前期研究与试验探索，采用下述方法可大大提高茶树花粉管染色成功率与效果（图1-2-1），主要步骤有取材固定、花柱解剖、组织脱水和苯胺蓝染色等，可以较为清晰地观察到花粉管在柱头和花柱中的生长状态（Ma et al., 2018）。

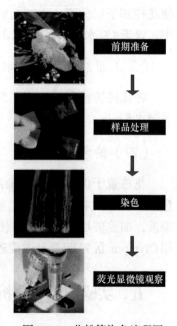

图1-2-1　花粉管染色流程图

三、试剂与器材

（一）试剂

（1）卡诺固定液：无水乙醇与乙酸以3∶1比例混合。

（2）0.5%苯胺蓝染液：0.5 g苯胺蓝溶于0.33 mol/L磷酸钾溶液，总体积为100 mL，避光室温贮存，待颜色变为棕黄色即可使用。

（3）其他：无水乙醇。

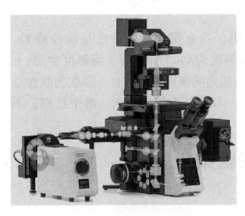

图1-2-2　荧光显微镜示意图

（二）器材

移液器、解剖针、刀片、镊子、载玻片、盖玻片、荧光显微镜（图1-2-2）等。

四、实验步骤

（一）取材与固定

采集授粉后的雌蕊组织立即放入卡诺固定液中，固定3 h。

（二）组织解剖

用镊子将雌蕊从固定液中取出，用消毒后的刀片沿着花柱和子房的连接处切开，使花柱和子房分离。用解剖针和刀片沿着花柱中部将其解剖开，再小心放入70%乙醇中，置于4℃冰箱保存2 h以上。

（三）组织脱水与复水

将花柱转移到50%乙醇5 min→20%乙醇5 min→蒸馏水5 min。

（四）染色与制片

花柱置于0.5%苯胺蓝染液中染色5 min，再将染色后的花柱放在载玻片上，滴加1～2滴0.5%苯胺蓝染液，加盖玻片轻轻压片，使花柱组织均匀分布。使用Olympus IX 73荧光显微镜进行显微观察和拍照。

五、实验结果与分析

图1-2-3为茶树品种'舒茶早'自交授粉36 h和

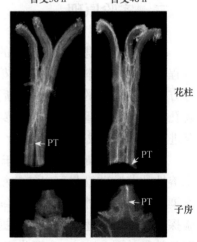

图1-2-3　茶树自交36 h和48 h后花粉管在花柱和子房中的生长状态

PT. 花粉管

48 h后对花柱子房中花粉管的染色结果：'舒茶早'自交授粉36 h后花粉管穿过柱头到达花柱中下部，尚未进入子房；48 h后花粉管穿过花柱基部进入子房腔，但不能进入胚珠完成受精作用，表明茶树品种'舒茶早'属于子房型自交不亲和性植物。

六、注意事项

卡诺固定液固定时间不宜过久，以防止花柱组织变脆，不利后续解剖。

第三节　染色体的染色观察

一、实验目的

（1）学习观察茶树细胞染色体的数目、形态、长度和带型等特征。
（2）学习和掌握茶树细胞染色体染色的原理和操作方法。

二、实验原理

　　茶树多为灌木、小乔木和乔木，群体内不同植株间植物学特征差异显著，表型多样。植物染色体的基数在一个属或更高的分类群中常常是稳定的，故茶树染色体稳定的基数可作为茶树植物分类的细胞学依据之一。因此核型分析可探讨茶树的进化程度以及物种间的亲缘进化关系。通过对茶树二倍体染色体减数分裂中期的数目、形态、长度、带型、着丝粒等位置内容的分析研究，按照染色体的大小和形态特征，对染色体进行分组、排队和配对。根据染色体结构和数目的变异情况来进行诊断，有助于从遗传本质上揭示茶树遗传变异性状的表达规律，为其起源、进化和亲缘关系的研究提供一些细胞学依据。

　　染色体在细胞有丝分裂前期开始凝集，在有丝分裂中期完成凝集，形态上容易辨认，故人们常对阻滞于有丝分裂中期的细胞进行核型检测。秋水仙素可以破坏微管装配，使纺锤体不能形成，使大量细胞停止在分裂中期。低渗作用使水进入细胞内，细胞内空间变大，染色体间距离拉大，易于染色体展开。固定液（无水乙醇：乙酸＝3：1）使蛋白质变性，染色体内组蛋白变性后硬度增加，有利于染色体形态的保持；细胞膜蛋白变性使细胞膜硬度增强，形成屏障作用，防止细胞内物质外溢和丢失。茶树的初生根根尖分裂旺盛，通过对其进行化学处理，并利用染色液进行染色，用固定液进行固定，可以在显微镜下观察其在分裂中期的染色体形态。

三、试剂与器材

（一）试剂

0.01%～0.2%秋水仙素溶液、饱和对二氯苯溶液、5% Ba（OH）溶液、0.002 mol/L

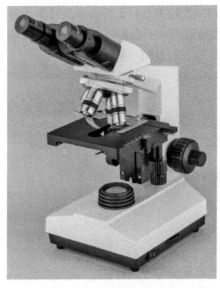

图1-3-1　光学显微镜示意图

8-羟基喹啉溶液、无水乙醇、乙酸、1 mol/L HCl、改良石炭酸品红溶液、醋酸洋红溶液、铁矾-苏木精溶液、Schiff试剂、Giemsa染色液。

（二）器材

移液器、刀片、镊子、载玻片、盖玻片、烧杯、滤纸、酒精灯、光学显微镜（图1-3-1）等。

四、实验步骤

（一）材料的预处理

用刀片取茶树愈伤组织分化出的不定根1～2 cm，用镊子将根尖置于0.01%～0.2%的秋水仙素和8-羟基喹啉混合溶液（1：1）中处理2～3 h，或者用饱和对二氯苯溶液处理1～2 h，用蒸馏水冲洗干净后用滤纸吸干水分。

（二）材料的固定

将预处理后的根尖组织放入现配的卡诺固定液中（无水乙醇及乙酸按3：1混合）固定24 h。对材料固定后应立即进行解离，因为新鲜材料效果更好。固定好的材料如不能及时解离，可将其保存在70%乙醇中；如不需要保存很长时间，可将其直接保存在固定液中。

（三）材料的解离

植物的细胞有细胞壁，胞间层含有果胶，这将导致压出的片子达不到理想的效果。经过解离，细胞之间的果胶层被除去，细胞壁得到软化，使压片能够顺利进行。对材料的解离方法有酶解法和酸解法。

（1）酶解法是用低浓度的果胶酶（1%～2%）和纤维素酶（1%～5%）的混合液对材料进行解离，解离时间一般在室温下2～5 h。

（2）酸解法一般是将材料放入1 mol/L HCl中，60℃水浴解离15 min去除细胞壁，当根尖部位呈乳白色，而其余部位透明时，将材料冲洗干净。

（四）材料的染色

对染色体的染色是指用颜料对材料进行处理，仅使染色体染色，而染色质不染色或染色很淡，以便观察和分析，可分为常规染色法和分带染色法。

1. 常规染色法

常规染色法是指用颜料对材料进行处理，染色体被染成一致的颜色，主要方法如下：

（1）醋酸洋红溶液染色：先将材料置于载玻片上，用不锈钢刀片切去根冠和伸长区，留下分生区，然后加一滴醋酸洋红，待根尖染至暗红色时，进行常规压片。如想使染色效果更好，可以在压片后置于酒精灯上加热数秒，但不能使染液沸腾；如染色过深，可在盖玻片一侧滴加适量45%的乙酸，另一侧用滤纸吸取染液，达到褪色目的。

（2）改良石炭酸品红溶液染色：改良石炭酸品红克服了石炭酸中含有较多甲醛而使原生质硬化的缺点，并且该染液比较稳定，能存放很长时间，因此应用广泛。先将材料置于载玻片上，用不锈钢刀片切去根冠和伸长区，留下分生区，然后加1滴改良石炭酸品红，待根尖被染至暗红色时，进行常规压片。该染液染色的方法与醋酸洋红染色的方法相同，但不需加热。

（3）铁矾-苏木精溶液染色：先用4%铁矾溶液进行媒染，用蒸馏水将铁矾洗净，再用0.5%苏木精染色，蒸馏水漂洗，然后用45%乙酸分色、软化，常规压片。此方法能使染色体轮廓保持清晰，即使处理染色体数目多而不易分散的材料，也能得到较好的效果。

（4）Schiff试剂染色：先将解离好的材料用蒸馏水漂洗几次，把材料放于染液中1～5 h或黑暗处过夜，然后将材料在漂洗液或蒸馏水中冲洗几次，每次数分钟，最后用45%的乙酸压片。

2．分带染色法

分带染色是指染色体经过染色后，不同部位呈现出不同的条带。人们可根据条带的不同，对植物进行分类和遗传研究，常用分带染色法如下：

（1）C-带染色：先将压片后的样品冷冻脱片，室温下防尘干燥。用酸或碱〔通常用5%的$Ba(OH)_2$溶液〕处理，使染色体变性，再用盐溶液（2×SSC溶液）于60～65℃下处理，使之复性，最后进行Giemsa染色，使染色体的不同部位呈现宽窄不同的条带。通常一种植物的C-带是固定的，而且重复性很高，因此，在实际操作中C-带染色法最常用。

（2）G-带染色：先将压片后的样品冷冻脱片，室温下防尘干燥。用2×SSC溶液处理，Giemsa染色，使染色体上出现宽窄、深浅不同的条带。但G-带较均一，缺乏特异性，故没有C-带常用。

（五）制片

制片的质量直接影响实验的结果，可根据具体情况采用各自的制片方法，常规的压片方法对工具没有统一要求。压片时可使用不锈钢刀片、镊子和针尖稍钝的木柄解剖针，也可以找其他替代工具来操作。压片的方法不固定，只要在制片的过程中不让盖玻片移动，使细胞和染色体分散开来即可。

（六）镜检

镜检时应先在低倍镜下观察，找到分散良好、处于细胞分裂中期的细胞，然后在高倍镜下观察。如果不能及时对样品进行拍照，或者短时间（1～2周）保存合格的样品，可以用石蜡、凡士林、甘油（稀释后加1滴甲醛）或无色的指甲油把盖玻片的四周严密封起来，将密封好后的样品置于4℃冰箱保存。

五、实验结果与分析

图1-3-2A为'川黄1号'茶树根尖细胞分裂中期染色体（Jin et al., 2020）。为进一步研究染色体的形态特征，可以对观察到的染色体进行核型分析。核型分析包括染色体数目的确定和染色体形态的分析。在进行核型分析时，通常按李懋学等的标准来确定染色体数目、分析染色体的形态（李懋学等，1985），按Stebbins的方法确定染色体核型的类别（Stebbins, 1971）。要确定一种茶树染色体的数目，必须对它的一些细胞中含有的染色体数目进行统计分析，一般认为至少应该统计30个染色体分散良好的细胞。如图1-3-2B所示，对来自5个不同根尖的30条分布均匀的中期染色体进行了染色体计数，共发现15对染色体。核型分析参照标准方法（贾勇炯等，1998），可计算染色体相对长度、臂比、染色体类型、染色体相对长度指数和着丝粒指数。

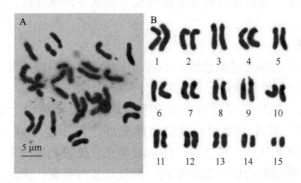

图1-3-2 '川黄1号'茶树根尖中期染色体（Jin et al., 2020）

A. '川黄1号'茶树根尖细胞分裂中期染色体；B. 来自5个不同根尖的30条分布均匀的中期染色体

对染色体带型进行分析时，还要观察染色体条带数量、相对位置、宽度等特征。根据染色体长度、臂比、着丝粒位置、随体的有无和位置以及染色体带型等进行同源染色体的配对。根据染色体的长度给染色体编号，长度最长的染色体编为1号染色体，依次排列，最短的染色体编为末号，等长的染色体把短臂长的染色体排在前面。

不同品种茶树的核型分析结果存在显著差异。'川黄1号'的试验结果与崇州枇杷茶树的染色体核型不对称指数（58.28%～59.66%）相差甚远（Jin et al., 2020）。植物核型的基本演化趋势是从对称到不对称。因此，原始植物具有对称的核型，植物核型越不对称，其进化程度就越高（贾勇炯等，1998）。因此，'川黄1号'在所有茶树中应该处于进化水平的中间。此外，不同品种的茶树在臂比范围、染色体长度比、核型不对称系数、核型类型等方面也存在差异。

六、注意事项

（1）染色体标本最好是新鲜制备的，以一周内制片为好，否则染色体染色效果不好。

（2）卡诺固定液固定后最好立即进行解离，效果较好。

（3）秋水仙素呈黄色针状结晶，易溶于水、乙醇和氯仿，味苦，有毒；对二氯苯为白色结晶，有樟脑气味，不溶于水，溶于乙醇、乙醚、苯等多种有机溶剂；8-羟基喹啉是一种有机化合物，为白色或淡黄色结晶或结晶性粉末，不溶于水和乙醚，溶于乙醇、丙酮、氯仿、苯或稀酸；醋酸洋红碱性染料可以将染色体染成红色；Schiff试剂是由碱性品红和亚硫酸钠配制而成，可以和醛基反应形成紫红色的溶液；Giemsa染液为天青色素、伊红、次甲蓝的混合物。

第四节　细胞壁观察

一、实验目的

（1）了解叶片亚显微结构的观测方法。

（2）学习利用透射电子显微镜检测细胞壁及其他亚细胞器的形态。

二、实验原理

透射电子显微镜（TEM，简称透射电镜）可观察光学显微镜无法看清的小于 $0.2\ \mu m$ 的细微结构，这些结构称为亚显微结构或超微结构。电子显微镜与光学显微镜的成像原理基本一样，不同的是前者以电子束作为光源，用电磁场作为透镜。另外，电子束的穿透力很弱，电镜标本须用超薄切片机（ultramicrotome）制成厚度约 $50\ nm$ 的超薄切片。电子显微镜的放大倍数最高可达近百万倍，由照明系统、成像系统、真空系统、记录系统和电源系统5部分构成，主体部分是电子透镜和显像记录系统，由置于真空中的电子枪、聚光镜、物样室、物镜、衍射镜、中间镜、投影镜、荧光屏和照相机构成（图1-4-1A）。

透射电镜工作原理：由电子枪发射出来的电子束，在真空通道中沿着镜体光轴穿越聚光镜，通过聚光镜将之汇聚成一束尖细、明亮而又均匀的光斑，照射在样品室内的样品上。样品致密处透过的电子量少、稀疏处透过的电子量多，因此，透过样品后的电子束携带有样品内部的结构信息，经物镜会聚调焦和初级放大后，电子束进入下级的中间透镜和第1、第2投影镜进行综合放大成像，最终被放大了的电子影像投射在观察室内的荧光屏板上，荧光屏将电子影像转化为可见光影像以供使用者观察。

植物细胞壁的观察主要包括样品的前处理、漂洗、锇酸固定、漂洗、脱水、渗透、包埋和聚合、切片、染色和观察等步骤（图1-4-1B）。

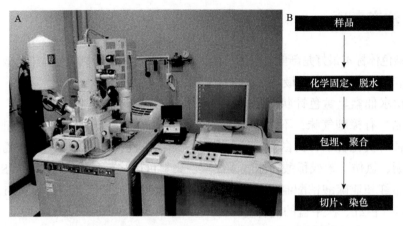

图1-4-1 透射电子显微镜（A）及观察细胞壁实验流程图（B）

三、试剂与器材

（一）试剂

（1）固定液：用0.2 mol/L磷酸钠缓冲液（pH 7.2）将戊二醛稀释成5%（现配现用）。

（2）其他：0.1 mol/L pH 7.0的磷酸缓冲液、1%的锇酸溶液、包埋剂、丙酮、无水乙醇、乙酸双氧铀50%乙醇饱和溶液、柠檬酸铅溶液。

（二）器材

移液器、解剖针、刀片、镊子、保鲜膜或培养皿、2 mL离心管、组织脱水机、包埋机、切片机、展片台、电热鼓风干燥箱、载玻片、盖玻片、透射电子显微镜等。

四、实验步骤

（一）样品的前处理

切取一小块组织，置入预冷的5%戊二醛固定液中，4℃预固定20 min后取出置于洁净的保鲜膜或培养皿上（滴有预冷固定液），在固定液中将组织切成长2～5 mm，宽2～3 mm，厚1 mm的细条，移入盛有预冷戊二醛固定液的2 mL离心管中，4℃固定过夜。

（二）漂洗

倒掉固定液，用0.1 mol/L pH 7.0的磷酸缓冲液漂洗样品3次，每次15 min。

（三）锇酸固定

用1%的锇酸溶液在4℃中固定样品1.5～2 h。

（四）漂洗

倒掉固定液，用0.1 mol/L pH 7.0的磷酸缓冲液漂洗样品3次，每次15 min。

（五）脱水

用梯度浓度（包括30%、50%、70%和75%）的乙醇溶液对样品进行脱水处理，每种浓度处理15 min，泡在75%乙醇溶液中保存。用80%、90%和95%的乙醇溶液连续处理，每种浓度处理15 min，再用无水乙醇处理20 min，最后置于纯丙酮中处理20 min。

（六）渗透

用包埋剂与丙酮的混合液（$V/V=1:1$）处理样品1 h；用包埋剂与丙酮的混合液（V/V，3:1）处理样品3 h；纯包埋剂处理样品过夜。

（七）包埋和聚合

将经渗透处理的样品包埋起来，70℃（或梯度升温）加热24～48 h，即得到包埋好的样品块。

（八）切片和染色

包埋块在超薄切片机中切片，获得100 nm的切片，经乙酸双氧铀50%乙醇饱和溶液、柠檬酸铅溶液各染色5～10 min，冲洗烘干后，用透射电镜观察。

五、实验结果展示

图1-4-2为透射电子显微镜（TEM）检测健康和轮斑病感染的茶树叶片的细胞学特征。健康的叶片细胞表现出典型的形态，排列规则。感染1 d后，叶片细胞壁比健康叶片细胞壁要薄，之后随着感染时间的增加而变厚（图1-4-2B～C）。在感染7～13 d后，随着病变的发展，真菌诱导叶片细胞结构变化，如细胞器的解体（图1-4-2D～F）。

六、注意事项

（1）用戊二醛固定茶树叶片时，动作要注意小、快、轻、准。

（2）戊二醛的浓度：有细胞壁的样品用5%戊二醛，无细胞壁的样品用3%戊二醛；磷酸缓冲液终浓度0.1 mol/L，需要现配现用。

（3）抽气时要使叶片充分下沉。

（4）戊二醛带有刺激性气味，为无色透明油状液体；锇酸，剧毒，中等剂量可使人死亡；丙酮为无色透明液体，有微香气味，易溶于水和甲醇、乙醇、乙醚、氯仿和吡啶等有机溶剂，易燃、易挥发；乙酸双氧铀又称乙酸铀酰，是一种黄色晶体，有微

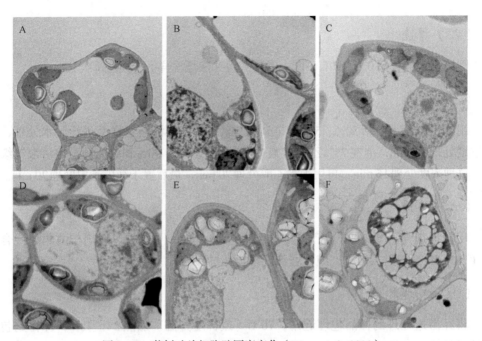

图1-4-2　茶树叶片细胞壁厚度变化（Wang et al., 2021）

A. 健康茶树叶片；B~F. 感染轮斑病后1 d、4 d、7 d、10 d、13 d的茶树叶片

弱放射性，所含的是铀元素同位素 ^{238}U，故放射性很弱；柠檬酸铅应储存于阴凉、干燥、通风良好的地方，远离火源、热源，防止阳光直射。

第五节　叶片原生质体分离与提取

一、实验目的

学习和掌握茶树叶片原生质体的分离与纯化方法。

二、实验原理

植物原生质体是指去除细胞壁后被质膜所包围的、具有生命力和全能性的裸露细胞，其结构包括细胞膜、细胞质（包括各种细胞器、细胞骨架系统及细胞基质）和细胞核等部分。原生质体分离与纯化是植物遗传改良的重要实验体系之一，并且为定量研究植物细胞的许多生理和生化过程提供了适宜的实验体系，尤其是光/叶绿体相关的过程。原生质体由于去除了细胞壁，细胞膜成为细胞活物质与外界环境的唯一屏障，因此可以用于观察各种细胞过程和活动，并在不同种类植物中响应光、胁迫、激素等因素，在离子通道调控等研究领域有着重要作用。除此之外，离体的植物原生质体在适宜的培养条件下，具有繁殖、分化、再生成完整植株的能力。

分离原生质体常用方法为酶解法，其原理如下：植物细胞壁主要由纤维素、半纤维素和果胶质组成，纤维素酶可水解细胞壁中的纤维素，果胶酶则促进细胞间隙中果胶质的分解，故使用纤维素酶和果胶酶能降解植物细胞壁的成分，得到原生质体。获取的原生质体后续可用于基因瞬时表达、亚细胞定位、蛋白质和核酸相互作用等研究；也可作为细胞壁再生、细胞分裂与分化、病毒侵染机理、膜透性及离子转运等基础理论研究的理想材料，同时也可作为研究植物钙信号转导及其调节机制的理想材料。

三、试剂与器材

（一）试剂

乙醇、甘露醇、KCl、吗啉乙磺酸（MES）、纤维素酶（cellulase R10）、离析酶（macerozyme R10）、CaCl₂、牛血清蛋白（BSA）、NaCl、碘克沙醇、二乙酸荧光素（FDA）、丙酮。

（二）器材

移液枪、0.45 μm水相滤膜、循环水式真空泵、恒温摇床、100 μm细胞过滤器、高速离心机、圆底离心管、1 mL注射器、双室血细胞计数板、倒置荧光显微镜等。

四、实验步骤

（一）酶溶液制备

酶溶液配方如表1-5-1和表1-5-2所示，两者混合即为所需要酶溶液。

表1-5-1　酶溶液A配方

母液	母液配方	体积	终浓度
1 mol/L甘露醇	18.217 g甘露醇溶于100 mL灭菌水	8 mL	0.4 mol/L
1 mol/L KCl	3.7275 g KCl溶于50 mL灭菌水	0.4 mL	20 mmol/L
0.5 mol/L MES（pH 5.7）	5.33125 g MES溶于50 mL灭菌水	0.8 mL	20 mmol/L
纤维素酶（cellulase R10）		300 mg	1.5%
离析酶（macerozyme R10）		80 mg	0.4%
无菌水		10 mL	

表1-5-2　酶溶液B配方

母液	母液配方	体积	终浓度
1 mol/L CaCl₂	7.3505 g CaCl₂·2H₂O溶于50 mL灭菌水	0.2 mL	10 mmol/L
10%牛血清蛋白（BSA）	1 g BSA溶于9 mL H₂O	0.2 mL	0.1%

注：CaCl₂需要通过0.45 μm水相滤膜灭菌

（二）原生质体分离

按表1-5-1配制酶溶液A，55℃加热10 min，冷却至室温后加入酶溶液B。

选取长势良好的茶树叶片，浸入75%乙醇中表面灭菌30 s，无菌水冲洗2～3次后用滤纸吸干，在无菌条件下将叶片于0.4 mol/L甘露醇（可加入少量β-巯基乙醇）中切成细条（0.5～1 mm），用镊子挑进20 mL酶溶液后置于真空泵（－0.1 MPa）中酶解30 min，再在25℃、45 r/min恒温摇床中酶解5 h。原生质体分离的所有步骤均需在黑暗和无菌条件下进行。

（三）原生质体纯化

酶解后，酶混合物通过100 μm细胞过滤器。滤液在室温以1000 r/min离心3 min，去上清。将原生质体重悬于W5溶液（表1-5-3）中。滤液在50 mL圆底离心管中在室温以1000 r/min离心3 min，使原生质体沉淀于管底，加入1 mL 65%碘克沙醇用于分层，纯化的原生质体悬浮在碘克沙醇中（绿色层），最后用注射器收集，即得到1 mL纯化后的原生质体。

表1-5-3　W5溶液配方

母液	母液配方	体积	终浓度
1 mol/L NaCl	5.844 g NaCl溶于100 mL灭菌水	7.7 mL	154 mmol/L
1 mol/L CaCl₂	7.3505 g CaCl₂·2H₂O溶于50 mL灭菌水	6.25 mL	125 mmol/L
1 mol/L KCl	3.7275 g KCl溶于50 mL灭菌水	0.25 mL	5 mmol/L
0.5 mol/L MES（pH 5.7）	5.33125 g MES溶于50 mL灭菌水	0.2 mL	2 mmol/L

（四）原生质体数量计算及活力评估

1. 原生质体数量计算

用移液枪吸取8 μL收集的原生质体，滴在血细胞计数板上，加盖盖玻片，置于倒置荧光显微镜下计算原生质体个数。

$$X = x/m \qquad (1.5.1)$$

式中，X——原生质体总量（g）；

x——吸取酶溶液中原生质体数量（个）；

m——样品质量（g）。

2. 原生质体活力评估

FDA溶液的配制：将5 mg FDA溶于1 mL丙酮中，4℃保存。

取0.5 mL纯化后的原生质体悬浮液，加入FDA溶液使其最终浓度为0.01%，混匀，置于室温下静置5 min后，用荧光显微镜观察原生质体的活力。

$$A = (Y/X) \times 100\% \qquad (1.5.2)$$

式中，A——原生质体活力（%）；

Y——发出荧光的原生质体数量（个）；

X——原生质体总量（个）。

五、实验结果与分析

提取的茶树叶片原生质体见图1-5-1（Xu et al., 2021）。

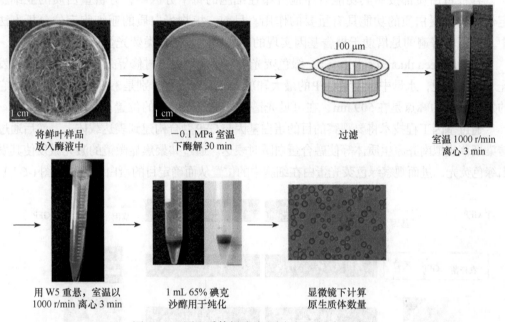

将鲜叶样品　　　　　　 −0.1 MPa 室温　　　　　 过滤　　　　　　 室温 1000 r/min
放入酶液中　　　　　　 下酶解 30 min　　　　　　　　　　　　　　 离心 3 min

用 W5 重悬，室温以　　　 1 mL 65% 碘克　　　　 显微镜下计算
1000 r/min 离心 3 min　　沙醇用于纯化　　　　　 原生质体数量

图1-5-1　原生质体提取流程图（Xu et al., 2021）

将提取好的原生质体置于显微镜下计算其数量，最后加入FDA溶液观察其活力。

六、注意事项

（1）由于原生质体容易破碎，所以在提取原生质体过程中，操作动作需温和。

（2）使用高速离心机离心时，需要将升速和降速都调低。

（3）甘露醇是一种高渗性的组织脱水剂；吗啉乙磺酸（MES）切勿吸入鼻腔，避免与皮肤和眼睛接触；碘克沙醇是一种非离子型、双体、六碘、水溶性的X线造影剂；丙酮又名二甲基酮，为最简单的饱和酮，无色透明液体，有特殊的辛辣气味，易溶于水、甲醇、乙醇、乙醚、氯仿和吡啶等有机溶剂，易燃、易挥发，化学性质较活泼；β-巯基乙醇有毒，为挥发性液体，具有较强烈的刺激性气味。

第六节　蛋白质的亚细胞定位

一、实验目的

学习并掌握观察蛋白质亚细胞定位技术的原理和操作方法。

二、实验原理

蛋白质的亚细胞定位是功能基因组学的一项重要内容。细胞是生命活动的基本单位，各种蛋白质都按照其功能有序地分布在细胞的每个分区中，分析蛋白质的亚细胞定位对了解蛋白质的功能具有重要的作用。目前，植物蛋白质的亚细胞定位分析方法中，应用较普遍的是借助于报告基因实现的，其主要包括各类荧光蛋白。

GFP（green fluorescent protein，绿色荧光蛋白）最早由下村修等人在维多利亚多管发光水母中发现，水母中野生型GFP的最大和次大的激发波长分别是395 nm和475 nm，它的发射波长的峰点是在509 nm，在可见光谱中处于绿光偏蓝的位置。

通过基因工程技术将要观察的目的蛋白基因与GFP融合构建到表达载体上，然后通过转染烟草或拟南芥原生质体等使融合蛋白瞬时表达。通过共聚焦显微镜的激光激发使其发出绿色荧光，进而观察绿色荧光蛋白在细胞中的位置从而确定目的蛋白的定位（图1-6-1）。

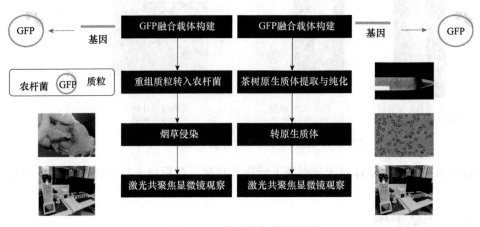

图1-6-1　亚细胞定位流程图

三、试剂与器材

（一）试剂

Gateway试剂盒（Invirogen：Gateway® BP Clonase™ II Enzyme Mix、Gateway® LR Clonase™ II Enzyme Mix）、LB培养基、大肠杆菌感受态细胞（DH5α或Trans1-T1）、根癌农杆菌感受态细胞（EHA105或GV3101）、葡萄糖、磷酸钠、吗啉乙磺酸（MES）、乙酰丁香酮、庆大霉素和壮观霉素（大观霉素）、胰蛋白胨、酵母粉、KH_2PO_4、$K_2HPO_4 \cdot 3H_2O$、甘油、NaOH、SDS、乙酸钾、乙酸、乙醇、CsCl、镍化乙锭、饱和NaCl稀释的正丁醇溶液、40% PEG、W5溶液、5% BSA、异丙醇、ddH_2O。

（二）器材

高速离心机、离心管、恒温培养箱、恒温摇床、注射器、PCR仪、激光共聚焦显微镜、滤膜、纸封管、移液器等。

四、实验步骤

（一）烟草叶片表皮亚细胞定位

1. GFP融合蛋白载体的构建

通过Gateway方法将目的基因构建到含有GFP的载体上：首先通过BP反应构建到pDONR207入门载体上（图1-6-2），然后通过LR反应，将入门载体上的目的基因片段重组至pK7WGF2双元表达载体（含有N末端GFP）上。本实验以Gateway方法为例，若使用其他载体，请参照第四章第三节构建载体的方法。此外，如果GFP位于目的基因的C末端，在克隆目的片段时要将其终止密码子去掉，否则将不能形成融合蛋白。

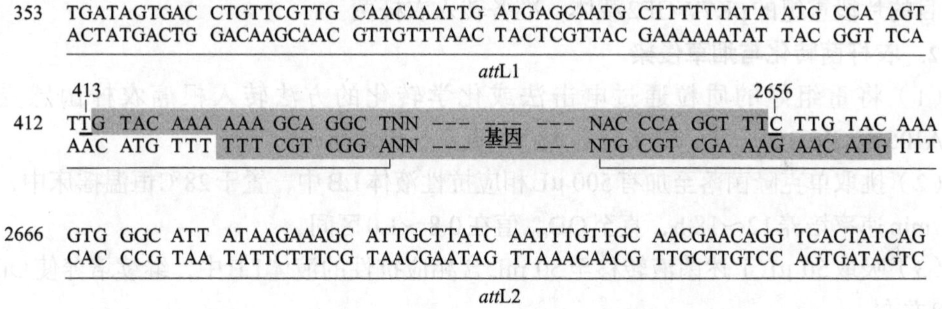

```
353    TGATAGTGAC CTGTTCGTTG CAACAAATTG ATGAGCAATG CTTTTTTATA ATG CCA AGT
       ACTATGACTG GACAAGCAAC GTTGTTTAAC TACTCGTTAC GAAAAAATAT TAC GGT TCA

           413                                                      2656
       attL1
412    TTG TAC AAA AAA GCA GGC TNN --- --- NAC CCA GCT TTC TTG TAC AAA
       AAC ATG TTT TTT CGT CGG ANN   基因  NTG CGT CGA AAG AAC ATG TTT

2666   GTG GGC ATT ATAAGAAAGC ATTGCTTATC AATTTGTTGC AACGAACAGG TCACTATCAG
       CAC CCG TAA TATTCTTTCG TAACGAATAG TTAAACAACG TTGCTTGTCC AGTGATAGTC

       attL2
```

图1-6-2　pDONR207载体多克隆位点

（1）基于目的基因的ORF序列设计引物，引物序列的5′端加上pDONR207入门载体上的同源序列，通过PCR对目的序列进行扩增，并纯化回收。

接头序列F：GGGGACAAGTTTGTACAAAAAAGCAGGCTTC

接头序列R：GGGGACCACTTTGTACAAGAAAGCTGGGTC

经过该步骤就在目的基因上加上了入门载体的同源序列，后经过BP反应，就可以将目的片段重组到pDONR207入门载体上。

（2）将回收的目的片段与入门载体质粒（pDONR207）混合（表1-6-1），并加入BP反应酶，25℃反应1~4 h。

（3）将重组质粒转化入大肠杆菌感受态细胞中（DH5α或Trans1-T1）。将从−80℃保存的感受态细胞在冰上融化，吸取重组质粒加入到感受态细胞中（质粒加入量一般不超过感受态体积的1/10），轻轻混匀，在冰浴中放置30 min。随后42℃热击90 s，冰浴2 min，最后加入400 μL无抗的LB液体培养，混匀后置于37℃、200 r/min培养1 h，吸取200 μL涂布在相应抗性（庆大霉素）的LB平板上进行阳性克隆筛选，于37℃恒温培养箱倒置过夜培养。

（4）挑取单克隆进行PCR及测序验证，对验证正确的克隆进行质粒提取，获得与目的片段重组的pDONR207载体。

（5）将获得的pDONR207重组载体与目的载体（pK7WGF2）混合（表1-6-2），并加入LR反应酶，25℃反应1～4 h。

<table>
<tr><td colspan="2">表1-6-1 BP反应体系</td></tr>
<tr><td>试剂</td><td>体系</td></tr>
<tr><td>入门载体（pDONR207）</td><td>50～150 ng</td></tr>
<tr><td>目的片段</td><td>50～100 ng</td></tr>
<tr><td>BP克隆酶</td><td>0.5 μL</td></tr>
<tr><td>ddH₂O</td><td>定容至5 μL</td></tr>
</table>

表1-6-1　BP反应体系

试剂	体系
入门载体（pDONR207）	50～150 ng
目的片段	50～100 ng
BP克隆酶	0.5 μL
ddH$_2$O	定容至5 μL

表1-6-2　LR反应体系

试剂	体系
pK7WGF2载体	50～150 ng
重组pDONR207	50～100 ng
BP克隆酶	0.5 μL
ddH$_2$O	定容至5 μL

（6）将重组的质粒转化进大肠杆菌（DH5α或Trans1-T1），涂布在相应抗性（壮观霉素）的LB平板上进行阳性克隆筛选，37℃培养过夜。

（7）挑取单克隆菌落进行PCR及测序验证，对验证正确的菌液进行质粒提取，获得与目的片段重组的pK7WGF2载体，准备转入农杆菌。

2. 农杆菌转化与烟草侵染

（1）将重组好的质粒通过电击法或化学转化的方法转入根癌农杆菌感受态（EHA105或GV3101）中，28℃培养48 h，直至长出菌落。

（2）挑取单克隆菌落至加有500 μL相应抗性液体LB中，置于28℃恒温摇床中，以200 r/min速率培养12～18 h，直至OD$_{600}$值在0.8～1.0区间。

（3）吸取50 μL上述菌液转移至50 mL含相应抗性的液体LB中，继续培养使OD$_{600}$在0.8左右。

（4）5000 r/min离心10 min收集菌体，用重悬液将菌体重悬至OD$_{600}$为0.3～0.6作为侵染烟草的侵染液（表1-6-3）。

（5）挑选生长状况良好的烟草植株，用注射器吸取1 mL侵染液，从烟草叶片下表皮注射，使侵染液充满整个叶片（图1-6-3），并做好标记。将注射完成的烟草放在培养室避光继续培养48 h，之后拍照观察。

表1-6-3　重悬液配方

试剂	体系
D-葡萄糖	250 mg
500 mmol/L MES	5 mL
20 mmol/L磷酸钠	5 mL
1 mol/L乙酰丁香酮	5 μL
ddH$_2$O	定容至50 mL

图1-6-3　农杆菌侵染烟草

3. 激光共聚焦显微镜观察

切取注射孔附近组织制片，使用激光共聚焦显微镜观察GFP信号（最大激发与发射波长分别为488 nm和507 nm），并拍照保存。

（二）茶树原生质体亚细胞定位

1. GFP融合蛋白载体的构建

详细方法参考（一）烟草叶片表皮亚细胞定位中GFP融合蛋白载体的构建内容。

2. CsCl密度梯度离心法大量提取质粒

（1）将目的片段与pK7WGF2载体重组的质粒转入Trans-T1，涂布在含有相应抗性（壮观霉素）的平板上进行阳性克隆筛选，37℃培养过夜。

（2）经菌落PCR验证后，将阳性菌接入含壮观霉素抗性的1 mL液体LB中，置于37℃恒温摇床中，以180 r/min速率培养10~12 h。

（3）取400 μL上述菌液和125 μL 100 mg/mL壮观霉素溶液加入250 mL TB培养液（表1-6-4）中，于37℃恒温摇床，235 r/min速率培养12~18 h。

（4）菌液在4℃下4500 r/min离心10 min，去上清。

表1-6-4　TB培养液配方

试剂	体系
胰蛋白胨	12 g
酵母粉	24 g
KH_2PO_4	2.2 g
$K_2HPO_4 \cdot 3H_2O$	9.4 g
甘油	4 mL
ddH_2O	定容至1 L

（5）加入25 mL Solution Ⅰ（10 mmol/L EDTA，pH 8.0）重悬菌体，涡旋1 min。

（6）加入20 mL Solution Ⅱ（表1-6-5），上下轻柔颠倒10次，室温静置3~5 min。

（7）加入15 mL Solution Ⅲ（表1-6-6），上下轻柔颠倒15次，4℃下4000 r/min离心15 min。

表1-6-5　Solution Ⅱ配方

试剂	体系
NaOH	8 g
SDS	10 g
ddH_2O	定容至1 L

表1-6-6　Solution Ⅲ配方

试剂	体系
乙酸钾	250 g
乙酸	150 mL
ddH_2O	定容至1 L

（8）取250 mL烧杯，加入50 mL异丙醇，将（7）中得到的上清用两层滤膜过滤到烧杯中，室温静置10 min。

（9）上述液体分装于3支50 mL离心管中，4℃下4000 r/min离心15 min，弃上清。

（10）加入5 mL 95%乙醇悬浮沉淀，将3管悬浮液合并至50 mL离心管，4℃下5000 r/min离心15 min，弃上清，倒置晾干5 min。

（11）加入3.6 mL Solution Ⅰ溶解质粒，再加入4.85 g CsCl和260 μL溴化乙锭（100 mg/mL），翻转使CsCl完全溶解，室温下4000 r/min离心15 min。

（12）将上清加入至5 mL纸封管中，两管液体需配平，重量差小于0.01 g，放置于超高速离心机中室温下80 000 r/min离心10~12 h。

（13）纸封管中的液体离心后有明显分层（3层），用2.5 mL带针头的注射器扎入

DNA层（粉色层，含溴化乙锭）与下层的分界面，将DNA层吸入注射器。

（14）用两倍体积的ddH$_2$O稀释质粒；吸取3 mL 1 mol/L饱和NaCl稀释的正丁醇溶液，室温下1000 r/min离心1 min，弃上层液体，重复3～4次至上层没有颜色，将下层转移至15 mL离心管。

（15）加入9 mL 95%乙醇，室温下4500 r/min离心10 min，弃上清。

（16）加入5 mL 75%乙醇，室温下4500 r/min离心5 min，弃上清，然后瞬间离心1次，将残余液体去尽。

（17）加入200 μL ddH$_2$O溶解质粒，转移至2 mL离心管中。

3. 茶树原生质体提取

方法参照本章第五节。

4. 质粒转入原生质体

（1）加入20 μg质粒、200 μL原生质体（加原生质体时需将枪头减去一部分，防止破坏原生质体）、110 μL的40% PEG（表1-6-7）于2 mL离心管中。

（2）孵育15 min（室温避光），加入400 μL W5稀释（表1-5-3），混匀后置于高速离心机中室温下40 r/min转速离心4 min，弃上清。

（3）用1 mL WI（表1-6-8）重悬，加入6孔细胞培养板（用5% BSA清洗）中室温避光培养10～12 h。

表1-6-7 40% PEG配方

试剂	体系
1 mol/L甘露醇	2 mL
1 mol/L CaCl$_2$	1 mL
ddH$_2$O	3.5 mL
PEG	4 g

表1-6-8 WI配方

试剂	体系
1 mol/L甘露醇	5 mL
0.5 mol/L MES	80 μL
1mol/L KCl	0.2 mL
ddH$_2$O	4.72 mL

（4）将上述细胞培养板中液体吸至1.5 mL离心管中，置于高速离心机中室温下40 r/min、上升速率为6 m/s^2、下降速率为3 m/s^2，离心4 min，去掉部分上清，剩余100 μL液体用于激光共聚焦显微镜观察。

五、实验结果与分析

（一）烟草叶片下表皮中脂氧合酶（LOX2）亚细胞定位

通过LOX2-GFP融合蛋白与叶绿体自发荧光的共定位，可知该蛋白定位于叶绿体中（图1-6-4）（Zhu et al., 2018）。

（二）茶树原生质体中CsMYC2和CsJAZ2亚细胞定位

通过CsMYC2-YFP和CsJAZ2-YFP融合蛋白与细胞核Marker共定位，可知CsMYC2和CsJAZ2蛋白定位于细胞核中（图1-6-5）（Zhou et al., 2021）。

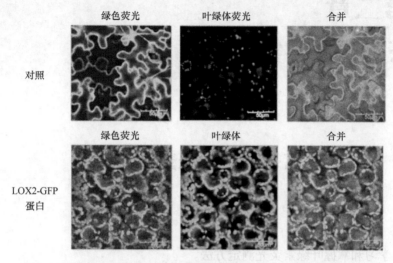

图1-6-4　茶树脂氧合酶LOX2蛋白亚细胞定位（Zhu et al., 2018）

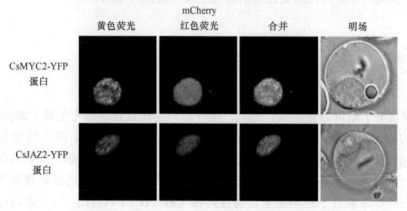

图1-6-5　茶树CsMYC2和CsJAZ2蛋白亚细胞定位（Zhou et al., 2021）

六、注意事项

（1）BP与LR反应酶放在−80℃保存，应在冰上融化，使用后应立即放入−80℃，防止酶活性下降。

（2）在进行共定位时，可将Marker质粒和目的基因分别转化至农杆菌，扩大培养后，在注射前按1∶1比例混合，然后注射烟草叶片并进行观察。

（3）异丙醇为危化品，需在通风橱中使用。

（4）溴化乙锭有毒性，使用时需格外小心，废液需要统一处理。

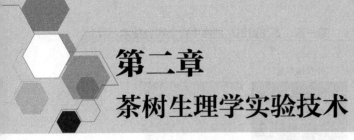

第二章
茶树生理学实验技术

第一节　叶绿素荧光测定

一、实验目的

（1）学习和掌握叶绿素荧光测定方法。

（2）探究叶绿素荧光测定在茶树胁迫生理学研究的应用。

二、实验原理

（一）叶绿素荧光的来源

叶绿素分子既可以直接捕获光能，也可以间接获取其他捕光色素（如类胡萝卜素）传递来的能量。叶绿素分子得到能量后，会从基态（低能态）跃迁到激发态（高能态）。依据吸收的能量多少，叶绿素分子可以跃迁到不同能级的激发态。叶绿素分子吸收蓝光，则跃迁到较高激发态；叶绿素分子吸收红光，则跃迁到最低激发态。处于较高激发态的叶绿素分子很不稳定，会在几百飞秒（fs，$1\ fs=10^{-15}\ s$）内通过振动弛豫向周围环境辐射热量，回到最低激发态（图2-1-1），而最低激发态的叶绿素分子可以稳定存在几纳秒（ns，$1\ ns=10^{-9}\ s$）。

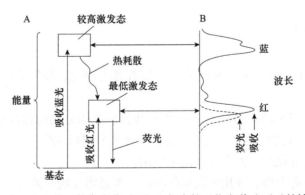

图2-1-1　叶绿素吸收光能后能级变化（A）和相应的吸收光谱（B）（韩博平等，2003）

处于最低激发态的叶绿素分子可以通过几种途径（图2-1-2）释放能量回到基态（韩博平等，2003），将能量在一系列叶绿素分子之间传递，最后传递给反应中心叶绿素。一般而言，叶绿素荧光发生在纳秒级，而光化学反应发生在皮秒级（ps，1 ps＝10^{-12} s），因此在正常生理状态下（室温下），捕光色素吸收的能量主要用于进行光化学反应，荧光只占3%～5%。

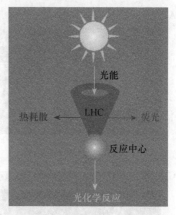

图2-1-2　激发能的三种去激途径
（韩博平等，2003）

（二）叶绿素荧光参数

叶绿素荧光参数是一组用于描述植物光合作用机理和光合生理状况的变量或常数值，反映了植物"内在性"的特点，被视为是研究植物光合作用与环境关系的内在探针。叶绿素荧光能反应吸收、激发能传递和光化学反应等光合作用的原初反应过程，几乎所有光合作用过程的变化均可通过叶绿素荧光反应出来。

叶绿素荧光技术有调制和非调制两种。调制叶绿素荧光测定技术是利用具有一定调制频率和强度的光源诱导，通过饱和脉冲分析方法使叶绿素荧光发射快速地处于某些特定状态进行相应荧光检测的技术。激发荧光的测量光具有一定的调制（开/关）频率，检测器只记录与测量光同频的荧光，调制荧光仪允许测量所有生理状态下的荧光；打开一个持续时间很短（一般小于1 s）的强光，关闭所有电子门（光合作用被暂时抑制），使叶绿素荧光达到最大。该技术通过测定叶绿素荧光来研究光合作用的变化，不须破碎植物细胞、不伤害生物体，是一种简便、快捷、可靠的方法。

三、试剂与器材

新型调制叶绿素荧光成像系统IMAGING-PAG。

四、实验步骤

（1）将对照'黄金芽''福鼎大白'和'龙井43'茶树植株与待测低温胁迫处理的'黄金芽''福鼎大白'和'龙井43'茶树植株分别在相似位置夹上叶片夹，放置于相同的环境，暗适应30 min。

（2）在叶绿素荧光仪F_v/F_m档测量叶片荧光参数。

（3）数据分析。

五、实验结果与分析

图2-1-3为低温胁迫下，'黄金芽''福鼎大白'和'龙井43'3个茶树品种叶片的叶绿素荧光成像（陈思文等，2021）。

叶绿素荧光参数：

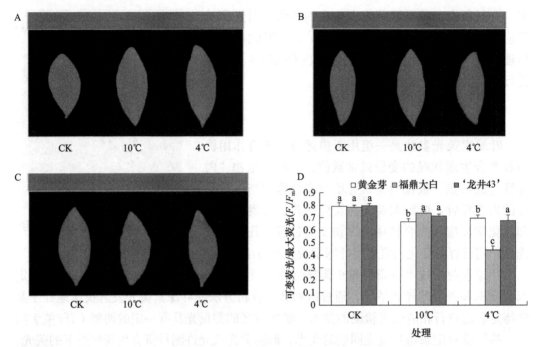

图2-1-3　低温对茶树叶片叶绿素荧光的影响（陈思文等，2021）

A. '黄金芽'叶片的叶绿素荧光成像；B. '福鼎大白'叶片的叶绿素荧光成像；C. '龙井43'叶片的叶绿素荧光成像；D. 低温胁迫下3个茶树品种的F_v/F_m分析

彩图

F_o：F_o为基础荧光，是在PS Ⅱ都处于打开状态时（即都可以发生光反应），受到适当激发光后发出的荧光，是一个与叶绿素浓度有关的基础量。

F_m：F_m为所有PS Ⅱ关闭时所测荧光，此情况下PS Ⅱ将本来要转化为传递电子的能量都作为荧光与热散发出去。受胁迫的F_m值会明显小于不受胁迫的F_m值，可用F_m来表示叶片接收的光能。

F_v、F_v/F_m、F_v/F_o：F_v可以反映叶绿素活性。胁迫条件下光合作用系统受阻，F_v会明显减小；F_v/F_m是PS Ⅱ最大光化学量子产量代表，是PS Ⅱ反应中心的最大光能转换效率值，可以评估低温对光合系统的伤害程度，受到胁迫后表现为下降，健康值约0.83（Maxwell and Johnson，2000）。荧光图像（图2-1-3）中红色表示处于正常状态，紫色表示受到损伤。分析数据可知F_v/F_m正常都稍大于F_v/F_m胁迫，即正常植株PS Ⅱ最大前光能转换率稍大于受胁迫植株；F_v/F_o表示PS Ⅱ反应中心潜在活性，正常植株PS Ⅱ潜在反应活性都大于胁迫植株。

叶绿素荧光参数能够反映植物光合系统受低温胁迫伤害的程度；F_v/F_m下降幅度越小，其抗寒能力越强。

六、注意事项

（1）理想的荧光仪必须能在不改变样品状态的情况下进行原位测量。

（2）测量光强度必须足够低，只激发非破坏性色素的本底荧光而不引起光合作用，这样才能获得暗适应后的最小荧光F_o。

第二节　质膜H^+-ATPase活性的测定（定磷法）

一、实验目的

（1）学习质膜蛋白的分离纯化方法。
（2）学习质膜H^+-ATPase的活性分析方法。

二、实验原理

细胞质膜是细胞与外界环境之间物质和能量交换的第一道屏障。当细胞受到环境胁迫时，质膜必然最先接触到环境因子，可能最早做出响应或受到伤害，继而影响细胞内一系列生理生化代谢。作为细胞的重要组成成分及功能行使者，质膜H^+-ATPase（PM H^+-ATPase）也毫无疑问地会对环境胁迫做出响应，而且有可能是最早的响应，并通过加速或减缓细胞与环境之间的物质和能量交换，使植物体与改变了的环境之间尽快达到相对平衡（如渗透调节等）。

植物细胞质膜H^+-ATPase是一种膜蛋白，属于P型质子泵，有蛋白激酶和磷酸酶活性部位，在催化过程中有磷酸化中间产物存在。质膜H^+-ATPase的活性依赖于Mg^{2+}，并受K^+刺激，最适pH为6.5。该酶与植物的生长发育密切相关，参与调控诸多生理过程，如植物细胞的物质跨膜转运、细胞的生长和对环境胁迫的响应等。研究表明，由质膜H^+-ATPase产生的跨膜质子电运动势是植物细胞跨膜物质运输的原初动力（邱全胜，1999），H^+-ATPase是植物细胞的"主宰酶"（master enzyme）。

质膜蛋白的纯化方法有蔗糖密度梯度离心法、双水相分配法（aqueous polymer two-phase technique）、自由泳动电泳法。其中，双水相分配法的原理主要是根据各种膜囊泡具有不同的表面性质如表面电荷、亲水基团等进行分离，质膜分布于上相，其他内膜分布于下相，经多次两相分配抽提即可获得纯度较高的质膜（图2-2-1）。

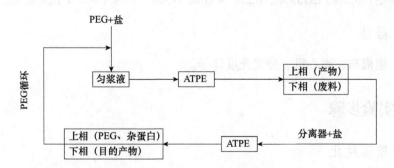

图2-2-1　双水相分配法原则流程图

质膜 H^+-ATPase 在反应过程中呈现出共价酶-磷酸过渡态，其作用机制符合 E1-E2 构象变化假说。植物质膜 H^+-ATPase 存在 E1 和 E2 两种构象的转变以实现阳离子跨膜运输，E1 构象具有很高的亲和性，而 E2 对两种配体亲和性较低。E1 构象的酶结合 ATP 与 H^+ 后形成一个高能磷酸键中间形式，伴随 ATP 水解，天冬氨酸残基磷酸化，导致 E1 构象转化为 E2 构象，同时完成 H^+ 转运，并释放至膜的另一侧。磷酸基团通过天冬氨酸磷酸键的水解释放，酶的 E2 构象恢复为 E1，以此完成酶的活性循环。

本实验采用的是定磷法测 H^+-ATPase 活性，测试溶液反应终止后加入强酸可以形成无机磷酸，加入磷钼酸铵和还原剂（抗坏血酸等）生成钼蓝（蓝色）。钼蓝在一定浓度范围内（Pi 含量在 $1\sim25$ μmol/L），蓝色的深浅和磷酸的含量成正比（Sandstrom et al., 1987）（图2-2-2）。

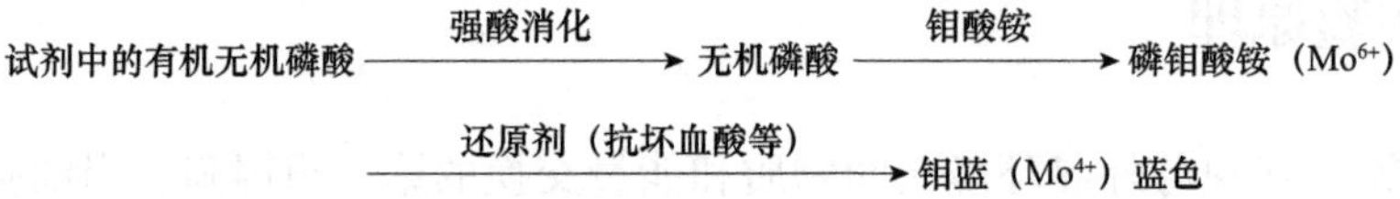

图 2-2-2　无机磷酸反应流程图（Sandstrom et al., 1987）

三、试剂与器材

（一）试剂

（1）缓冲溶液：25 mmol/L HEPES-Tris（pH 7.6）、50 mmol/L 甘露醇、3 mmol/L EGTA、3 mmol/L EDTA、250 mmol/L KCl、2 mmol/L PMSF、1% PVPP、0.1% BSA 和 2 mmol/L DTT。

（2）反应试剂：30 mmol/L BTP/MES、5 mmol/L $MgSO_4$、50 mmol/L KCl、50 mmol/L KNO_3、1 mmol/L Na_2MoO_4、1 mmol/L NaN_3、0.02%（W/V）聚乙二醇十六烷基醚（Brij 58）、5 mmol/L disodium-ATP。

（3）终止液：2%（V/V）H_2SO_4、5%（W/V）SDS 和 0.7%（W/V）$(NH_4)_2MoO_4$。

（4）柠檬酸亚砷酸盐溶液：2%（W/V）柠檬酸钠、2%（W/V）亚砷酸钠和 2%（W/V）乙酸。

（5）其他：6.2% PEG3350、6.2% Dextran T-500、10%（W/V）抗坏血酸。

（二）器材

研钵、粗棉布、离心机、分光光度计等。

四、实验步骤

（一）质膜纯化

取适量干净的茶树根部（约 2.5 g），放入冰浴中的研钵中，并加入 12 mL 缓冲溶液，迅速研磨，充分匀浆后用四层粗棉布过滤，取滤液于4℃、9500 r/min离心10 min，然后4℃、67 000r/min离心45 min，得到粗膜微粒体。在6.2% Dextran T-500和6.2% PEG 3350的两相系统中分离出质膜，参考Bradford的方法测定质膜蛋白含量（Bradford et al., 1976）。

（二）活性测定

在水解反应30 min后，通过计算Pi的含量来测定质膜H$^+$-ATPase的活性：在30 μL悬浮液（含有1～2 μg质膜蛋白）中加入0.5 mL的反应试剂，30℃反应30 min。随后加入1 mL终止液终止反应，然后立刻加入50 μL的10%（W/V）抗坏血酸，反应10 min后，加入1.45 mL柠檬酸亚砷酸盐溶液，混匀，30 min后测定波长820 nm处的吸光值，通过Pi标准曲线计算Pi物质的量。

（三）计算公式

质膜H$^+$-ATPase活性测定公式见式（2.2.1）。

$$Z = \frac{n}{Cpr*30} \tag{2.2.1}$$

式中，Z——H$^+$-ATPase活性［μmol Pi/（mg·min·L）］；

$\quad\quad n$——Pi的含量（μmol/L）；

$\quad\quad$Cpr——蛋白质质量（mg）；

$\quad\quad$30——反应30 min。

五、实验结果与分析

分离生长在不同pH（4.0、5.0和6.0）NH$_4^+$营养液中的茶根中H$^+$-ATPase，分别测定其在不同ATP浓度下的活性。结果如图2-2-3所示，生长在pH 6.0 NH$_4^+$营养液中的茶根中H$^+$-ATPase活性最高。

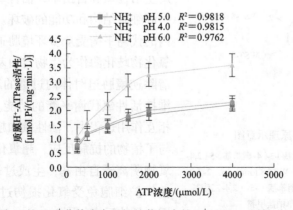

图2-2-3　不同pH的NH$_4^+$营养液中生长的茶根中的H$^+$-ATPase活性（Zhang et al., 2019）

六、注意事项

（1）试剂和所有器皿清洁，不含磷。

（2）离心机要达到超高速旋转，并要求是横向转子。

（3）质膜纯化要在4℃环境中进行，显色反应前务必混匀后取样。

（4）苯甲基磺酰氟（PMSF）有剧毒，可严重损害呼吸道黏膜、眼睛及皮肤；聚乙烯吡咯烷酮（PVPP）是一种非离子型高分子化合物，具有亲水性，有微臭；二硫苏糖醇（DTT）为白色固体，是一种很强的还原剂，容易被空气氧化，稳定性较差；钼酸钠（Na_2MO_4）是一种有光泽的片状晶体，刺激眼睛、呼吸系统和皮肤；十二烷基硫酸钠（SDS）是一种白色或淡黄色粉状，溶于水，具有去污、乳化和优异的发泡力，是一种对人体微毒的阴离子表面活性剂；亚砷酸钠是一种白色或灰白色粉末，有潮解性，剧毒，需戴橡胶手套操作。

第三节　超氧化物歧化酶活性测定

一、实验目的

（1）通过植物中超氧化物歧化物酶含量的测定，研究植物抗氧化能力的变化。

（2）学习和掌握植物中超氧化物歧化酶的测定方法。

二、实验原理

超氧化物歧化酶（superoxide dismutas，SOD）是生物体内重要的抗氧化酶，广泛分布于各种生物体内，如动物、植物、微生物等。超氧化物歧化酶具有特殊的生理活性，是生物体内清除自由基的重要物质。植物正常代谢过程和在各种环境胁迫下均能产生活性氧和自由基，活性氧和自由基的积累引起细胞结构和功能的破坏。活性氧在植物体内的代谢平衡受众多环境胁迫因子的影响，超氧化物歧化酶作为生物自由基的清除剂，具有清除逆境胁迫时体内过量的超氧化物自由基、维持活性氧代谢平衡的功能。在植物-病原物相互作用过程中，活性氧和超氧化物歧化酶参与了植物的抗病反应，超氧化物歧化酶歧化超氧物阴离子自由基，生成过氧化氢和分子氧，在保护细胞免受氧化损伤过程中具有重要作用，具体反应如图2-3-1。

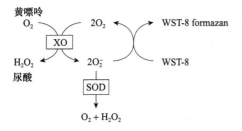

图2-3-1　SOD原理示意图

WST-8. 2-（2-甲氧基-4-硝苯基）-3-（4-硝苯基）-5-（2,4-二磺基苯）-2H-四唑单钠盐；WST-8 formazan. 2-（2-甲氧基-4-硝苯基）-3-（4-硝苯基）-5-（2,4-二磺基苯）-2H-四唑单钠盐甲䐶

本实验依据超氧化物歧化酶抑制氮蓝四唑（NBT）在光下的还原作用来确定酶活性的大小。在有氧化物质存在下，核黄素可被光还原，被还原的核黄素在有氧条件下极易被氧化而产生超氧阴离子，超氧阴离子可将氮蓝四唑还原为蓝色的甲腙，后者在560 nm处有最大吸收；而SOD可清除超氧阴离子，从而抑制甲腙形成。光还原反应后，反应液蓝色愈深说明超氧化物歧化酶活性越低，反之酶活性越高（郑炳松，2006），据此可计算出酶活性的大小。

三、试剂与器材

（一）试剂

（1）0.05 mol/L磷酸缓冲液（pH 7.8）。

（2）130 mmol/L甲硫氨酸（Met）溶液：称1.9399 g Met溶于磷酸缓冲液并定容至100 mL。

（3）750 μmol/L氮蓝四唑（NBT）溶液：称取0.06133 g NBT溶于磷酸缓冲液并定容至100 mL，避光保存。

（4）100 μmol/L EDTA-Na$_2$溶液：称取0.03721 g EDTA-Na$_2$溶于磷酸缓冲液并定容至1000 mL。

（5）20 μmol/L核黄素溶液：称取0.0753 g核黄素溶于蒸馏水并定容至1000 mL，避光保存。

（6）其他：SOD粗提酶液、蒸馏水。

（二）器材

冰箱、低温高速离心机、微量加样器（1 mL、100 μL和20 μL）、移液管、精密电子天平、UV-752型紫外分光光度计、比色皿、试管、研钵、剪刀、镊子、荧光灯（反应试管处照度为4000 lux或4000 lx）等。

四、实验步骤

（一）酶液的提取

取0.2 g茶树叶片于预冷的研钵中，加入1 mL预冷的磷酸缓冲液在冰浴上研磨成浆，加入磷酸缓冲液使终体积为5 mL。取2 mL于1000 r/min下离心20 min，上清液即为SOD粗提液。

（二）显色反应

取5 mL离心管（透明度高）4支，2支为测定管，另2支为对照管，按表2-3-1加入以下溶液混匀，反应终止后取1 mL于比色皿中，使用紫外分光光度计在560 nm处进行测试。

表 2-3-1　所用试剂及添加量

试剂	用量/mL	试剂	用量/mL
0.05 mol/L 磷酸缓冲液	1.5	20 μmol/L 核黄素溶液	0.3
130 mmol/L Met 溶液	0.3	SOD 粗提酶液	0.1
750 μmol/L NBT 溶液	0.3	蒸馏水	0.5
100 μmol/L EDTA-Na$_2$ 液	0.3	总体积	3.3

注：对照反应管中，以 0.1 mL 磷酸缓冲液代替 SOD 粗提酶液

五、数据处理

已知 SOD 活性单位以抑制 50% NBT 光化还原反应为一个酶活性单位表示，按式（2.3.1）计算 SOD 活性。

$$SOD 总活性（U/g FW）=[(A_{CK}-A_E)×V]/(1/2 A_{CK}×W×V_t) \qquad (2.3.1)$$

式中，A_{CK}——对照管的吸光度 [L/（g·cm）]；

A_E——样品管的吸光度 [L/（g·cm）]；

V_t——样品液总体积（mL）；

V——测定时样品用量（mL）；

W——样品鲜重（g）。

六、注意事项

（1）显色反应过程中要随时观察光下对照管颜色变化，A_{CK} 达 0.6~0.8 时终止反应。

（2）当光下对管反应颜色达到要求程度时，测定管（加酶液）未显色或颜色过淡，说明酶对 NBT 光还原抑制作用过强，应对酶液进行适当稀释后再显色，以能抑制显色反应的 50% 为最佳。

（3）植物组织中的酚类物质对测定有干扰，对酚类含量高的材料提取酶液时可加入聚乙烯吡咯烷酮（PVPP）。

（4）甲硫氨酸（Met）为白色薄片状结晶或结晶性粉末，有特殊气味、味微甜；氮蓝四唑在碱性磷酸酶的催化下生成不溶性的蓝色产物；核黄素又叫维生素 B$_2$，微溶于水，在中性或酸性溶液中加热稳定。

第四节　过氧化氢酶活性的测定

一、实验目的

（1）通过茶树过氧化氢酶（CAT）含量的测定，了解植物酶类代谢与植物抗性。

（2）学习和掌握茶树过氧化氢酶的测定方法。

二、实验原理

过氧化氢酶（CAT）是植物体内清除过氧化氢的主要酶类之一，是过氧化物酶体的标志酶，约占过氧化物酶体中酶总量的40%。CAT是一种酶类清除剂，又称为触酶，是以铁卟啉为辅基的结合酶。植物代谢过程会产生活性氧自由基，再转化成氧化氢，而过氧化氢对植物细胞具有损伤作用。CAT的主要功能即清除植物代谢过程产生的过氧化氢，从而对细胞具有保护作用。CAT作用于过氧化氢的机理实质上是H_2O_2的歧化，必须有两个H_2O_2先后与CAT相遇且碰撞在活性中心上，才能反应。H_2O_2浓度越高，分解速度越快。几乎所有生物的机体都存在CAT，其普遍存在于能呼吸的生物体内，在植物中主要存在于叶绿体、线粒体和内质网等，其酶促活性为机体提供了抗氧化防御机理。

植物在逆境或衰老时，由于体内活性氧代谢加强而使H_2O_2发生累积。H_2O_2可以直接或间接地氧化细胞内核、蛋白质等生物大分子，并使细胞膜遭受损害，从而加速细胞的衰老和解体；而CAT能够催化H_2O_2分解为H_2O和O_2，使得H_2O_2不至于与O_2在铁螯合物作用下反应生成非常有害的OH^-。

H_2O_2在240 nm波长的紫外光下具有强烈的吸收作用，过氧化氢酶能将H_2O_2分解成H_2O和O_2，使反应溶液吸光度（A_{240}）随反应时间而降低（秦红霞等，2007）。

根据测量吸光度的变化速度，即可以计算出过氧化氢酶的活性。

三、试剂与器材

（一）试剂

（1）Na_2HPO_4母液（1 mol/L）：称取56.8 g Na_2HPO_4，用纯水定容至400 mL，室温保存。

（2）NaH_2PO_4母液（1 mol/L）：称取31.2 g $NaH_2PO_4 \cdot 2H_2O$，用纯水定容至200 mL，室温保存。

（3）0.1 mol/L磷酸缓冲液（pH 7.0）：取28.85 mL Na_2HPO_4母液（1 mol/L）与21.15 mL NaH_2PO_4母液（1 mol/L）混合，调pH至7.0后，定容至1 L，于室温保存。

（4）0.1 mol/L H_2O_2：取5.68 mL 30%的H_2O_2溶液稀释至1 L，使用前用0.1 mol/L高锰酸钾标准溶液标定。

（5）其他：0.05 mmol/L Tris-HCl缓冲液（pH 7.0）、蒸馏水。

（二）器材

移液器、离心机、紫外分光光度计、研钵、容量瓶和恒温水浴锅等。

四、实验步骤

（一）酶液的提取

取 1 g 茶树叶片放入预冷研钵中，加入 2~3 mL 4℃预冷的 0.1 mol/L 磷酸缓冲液（pH 7.0）研磨成浆后，用移液器吸取置于 10 mL 容量瓶中，并用缓冲液冲洗研钵数次，合并冲洗液并定容至 10 mL。混合均匀后取 5 mL 提取液置于离心管中，于离心机中 15 000 r/min 离心 15 min，取上清为过氧化氢酶粗提液，放至 4℃冰箱保存。

（二）酶粗提液灭活处理

取 2 mL 过氧化氢酶粗提液置于离心管中，于水浴锅沸水加热灭活防降解，冷却备用。

（三）酶活测定

取 10 mL 试管 4 支，其中 2 支为样品测定管，1 支为对照空白管，按表 2-4-1 顺序加入试剂。

表 2-4-1　CAT 加样操作表

试剂	对照管 S_0	测定管 S_1	测定管 S_2	测定管 S_3
粗酶液 /mL	0.1（灭活）	0.1	0.1	0.1
Tris-HCl 缓冲液 /mL	1.0	1.0	1.0	1.0
蒸馏水 /mL	1.7	1.7	1.7	1.7

25℃下预热的试管逐管加入 0.3 mL 0.1 mmol/L H_2O_2，立即计时，并迅速倒入石英比色皿中，测定 A_{240}，每 1 min 测定一次，共测 4 min，对照组和样品组全部测定完后，计算酶活性。

五、实验结果与分析

1. 结果计算

以 1 min 内 A_{240} 减少 0.1 的酶量为 1 个酶活单位（U），如式（2.4.1）所示。

$$过氧化氢酶活性 [U/(g \cdot min)] = \frac{AS_0 - \dfrac{AS_1 + AS_2 + AS_3}{3} \times V_t}{0.1 \times V_s \times t \times m} \quad (2.4.1)$$

式中，AS_0——灭活酶液对照管吸光度 $[L/(g \cdot cm)]$；

AS_1、AS_2、AS_3——样品测定管吸光度 $[L/(g \cdot cm)]$；

V_t——酶提取液总体积（mL）；

V_s——测定时取酶液的体积（mL）；

m——样品鲜重（g）；

t——加入过氧化氢到最后一次读数时间（min）。

2. 计算举例

取 1 g 茶树叶片研磨后测吸光度，对照管为 0.540 L/（g·cm），测定管 1、2、3 的吸光度分别为 0.233 L/（g·cm）、0.275 L/（g·cm）、0.246 L/（g·cm），则计算结果为：

$$过氧化氢酶活性 [U/(g·min)] = \frac{AS_0 - \frac{AS_1 + AS_2 + AS_3}{3} \times V_t}{0.1 \times V_s \times t \times m}$$

$$= \frac{\left(0.540 - \frac{0.233 + 0.275 + 0.246}{3}\right) \times 10}{0.1 \times 5 \times 4 \times 1}$$

$$= 1.445$$

六、注意事项

（1）本实验粗酶提取液处理中，将粗酶提取液加热灭活时温度较高，注意离心管盖子是否会崩开，防止离心管进水；煮沸粗酶提取液时间要足够长，以保证酶液灭活。

（2）凡对 240 nm 波长的光有较强吸收的物质对本实验均有影响，故应该避免之。

（3）当室温超过 20℃时，反应温度以室温为准。

（4）在使用分光光度计时，要提前预热仪器约 15 min，要尽可能测定反应的初速度，因此 H_2O_2 溶液加入后应立即进行比色读数。

第五节　过氧化物酶活性的测定

一、实验目的

（1）通过茶树过氧化物酶（POD）含量测定，了解植物酶类代谢与植物抗性。

（2）学习和掌握植物中过氧化物酶的测定方法。

二、实验原理

过氧化物酶（POD）是过氧化物酶体的标志酶，是微生物和植物所产生的一类氧化还原酶，能催化多重反应，是活性较高的一种酶。过氧化物酶是以过氧化氢为电子受体催化底物氧化的酶，主要存在于载体的过氧化物酶体中，以铁卟啉为辅基催化过氧化氢、氧化酚类、胺类化合物和烃类氧化产物，具有消除过氧化氢和酚类、胺类、苯类毒性的双重作用。它与呼吸作用、光合作用及生长素的氧化等有关。在植物生长发育过程中，POD 的活性不断发生变化，一般老化组织中活性较高，幼嫩组织中活性较弱，过氧化物酶能使植物组织中所含的某些碳水化合物转化成木质素，增加木质化程度，因此测定POD的活性可以反映某一时期植物体内的代谢及抗逆性的变化（李忠光等，2008）。

过氧化物酶（POD）广泛存在于植物体内，该酶催化H_2O_2氧化，以清除H_2O_2对细胞生物功能分子的破坏作用。在H_2O_2存在的条件下，过氧化物酶（POD）会催化过氧化氢氧化酚类的反应，产物为醌类化合物，此化合物进一步缩合或与其他分子缩合，产生颜色较深的化合物。如作用于愈创木酚（邻甲氧基苯酚）生成四邻甲氧基苯酚（红棕色产物，聚合物），该产物在470 nm处有特征吸收峰，且在一定范围内其颜色的深浅与产物的浓度成正比，因此可通过分光光度法间接测定POD活性。

催化反应如下：

$$RH_2 + H_2O_2 === 2H_2O + R$$

通过用分光光度计测定470 nm处吸光度的变化，可以计算得出过氧化物酶（POD）的活性。

三、试剂与器材

（一）试剂

（1）Na_2HPO_4母液（1 mol/L）：称取56.8 g Na_2HPO_4溶于400 mL纯水中，室温保存。

（2）NaH_2PO_4母液（1 mol/L）：称取31.2 g $NaH_2PO_4 \cdot 2H_2O$溶于200 mL纯水中，室温保存。

（3）0.1 mol/L磷酸缓冲液（pH 6.0）：称取12 mL Na_2HPO_4母液（1 mol/L）与88 mL NaH_2PO_4母液（1 mol/L）混合，调pH至6.0后，定容至1 L，室温保存。

（4）0.1 mol/L磷酸缓冲液（pH 7.0）：称取57.7 mL Na_2HPO_4母液（1 mol/L）与42.3 mL NaH_2PO_4母液（1 mol/L）混合，调pH至7.0后，定容至1 L，室温保存。

（5）30% H_2O_2：取H_2O_2溶液，加纯水稀释至30%。

（6）其他：愈创木酚、双蒸水。

（二）器材

离心机、分光光度计、研钵等。

四、实验步骤

（一）酶液的提取

取1 g茶树叶片，放入研钵中，加入10 mL 0.1 mol/L磷酸缓冲液（pH 7.0），充分研磨成浆后，将液体移至离心管中，离心机8000 r/min离心15 min，取上清于新的离心管中，放至4℃冰箱备用。

（二）配制反应液

取 100 mL 0.1 mol/L 磷酸缓冲液（pH 6.0）、0.5 mL 愈创木酚和 1 mL 30% H_2O_2，充分混匀。

（三）酶活测定

ΔA_{470} 变化 0.01 为 1 个过氧化物酶活性单位。

按表2-5-1，将反应液、酶提取液和双蒸水迅速混匀后倒入光径为 1 cm 的比色皿中，于 470 nm 处，用双蒸水调零，以时间扫描方式，测定 3 min 内 OD 值变化。取线性变化部分，计算每分钟 OD 的变化值（ΔA_{470}）。

表2-5-1　CAT 加样操作表

试剂	空白管	测定管
反应液 /mL	3	3
酶提取液 /mL		1
双蒸水 /mL	1	

五、实验结果与分析

1. 酶活性计算

$$酶活性 [U/(g \cdot min)] = \frac{\Delta A_{470} \times W_t}{W \times V_s \times t \times 0.01} \qquad (2.5.1)$$

式中，ΔA_{470}——反应时间内吸光度的变化 $[L/(g \cdot cm)]$；

　　　W——样品鲜重（g）；

　　　t——反应时间（min）；

　　　W_t——提取酶液总体积（μL）；

　　　V_s——测定时取用酶液体积（μL）。

2. 计算举例

取 1 g 茶树叶片研磨后测吸光度，空白管为 0.232 $L/(g \cdot cm)$，测定管反应时间为 2 min，吸光度分别为 0.532 $L/(g \cdot cm)$），则计算结果为：

$$
\begin{aligned}
酶活性 [U/(g \cdot min)] &= \frac{\Delta A_{470} \times W_t}{W \times V_s \times t \times 0.01} \\
&= \frac{(0.532 - 0.232) \times 10}{1 \times 1 \times 2 \times 0.01} \\
&= 150
\end{aligned}
$$

六、注意事项

（1）凡对 470 nm 波长的光有较强吸收的物质对本实验均有影响，故应该避免之。

（2）当室温超过 20℃时，反应温度以室温为准。

（3）在使用分光光度计时，要提前预热仪器约 15 min，要尽可能测定反应的初速度。

（4）愈创木酚是一种白色或微黄色结晶或无色至淡黄色透明油状液体，有特殊芳香气味，露置空气或日光中逐渐变成暗色。

第六节　细胞活性氧水平测定

一、实验目的

学习通过化学染色法检测植物组织中的活性氧水平。

二、实验原理

活性氧（reacive oxygen species，ROS）是体内一类氧的单电子还原产物，是电子在未能传递到末端氧化酶之前漏出呼吸链并消耗约2%的氧产生的，包括氧的一电子还原产物超氧阴离子（O^{2-}）、二电子还原产物过氧化氢（H_2O_2）、三电子还原产物羟基自由基（^-OH）及一氧化氮等。

ROS是植物有氧代谢的副产物。当植物处于胁迫中，例如干旱、缺水、病害侵染等，植物体内的ROS平衡被打破，产生过量的ROS，从而损害细胞内的大分子物质及其他组分，阻碍植物正常生长代谢。在植物的生长发育中，ROS也作为一种信号分子，在病原体初始侵袭时传递信号，从而使植物组织产生一系列的抗病防御反应。

H_2O_2在过氧化氢酶的催化下可与3,3′-二氨基联苯胺（DAB）迅速生成棕色化合物，从而定位组织中的H_2O_2（薛鑫等，2013）。对O^{2-}的检测常用硝基蓝四氮唑（NBT），NBT在O^{2-}作用下还原生成不溶于水的二甲臜，植物组织中产生O^{2-}的部位被染成蓝色。

三、试剂与器材

（一）试剂

磷酸二氢钠、磷酸氢二钠、3,3′-二氨基联苯胺（DAB）、硝基蓝四氮唑（NBT）、乙醇。

（二）器材

电子天平、磁力搅拌器、pH计、容量瓶、真空抽滤器等。

四、实验步骤

（一）0.05 mol/L 磷酸钠缓冲液（pH 7.5）的配制

（1）将12 g NaH_2PO_4用纯水定容至100 mL，配成1 mol/L NaH_2PO_4。

（2）将14.2 g Na_2HPO_4用纯水定容至100 mL，配成1 mol/L Na_2HPO_4。

（3）将16 mL 1 mol/L的NaH_2PO_4溶液和84 mL 1 mol/L Na_2HPO_4溶液混匀，并用ddH_2O定容至2 L，制备磷酸钠缓冲液。

（二）H_2O_2组织染色定位

（1）DAB染色液配制（表2-6-1）：盐酸溶液调节pH至3.8，溶液颜色呈透明浅棕。

（2）染色：取处理后的植物叶片浸入DAB染色液中，抽真空5 min，之后置于黑暗中放置8 h。

（3）脱色：取出染色后的叶片，置于95%乙醇溶液中，至叶绿素完全脱去后进行观察并拍照留存。

（三）O^{2-}组织染色定位

（1）NBT染色液配制（表2-6-2）：使用磁力搅拌器充分搅拌，充分溶解后使用。

（2）染色：取处理后的植物叶片浸入NBT染色液，抽真空5 min，置于黑暗中3 h。

（3）脱色：取出染色后的叶片，置于95%乙醇溶液中，至叶绿素完全脱去后进行观察并拍照留存。

表2-6-1 DAB染色液配方

试剂	体系
DAB	0.05 g
磷酸钠缓冲液	45 mL

表2-6-2 NBT染色液配方

试剂	体系
NBT	0.1 g
磷酸钠缓冲液	50 mL

五、实验结果与分析

图2-6-1是300 mmol/L甘露醇溶液处理茶树后，其叶片NBT和DAB染色结果。如图，在损伤部位积累的H_2O_2经DAB染色后呈棕色；积累的O^{2-}在NBT染色后呈蓝色。

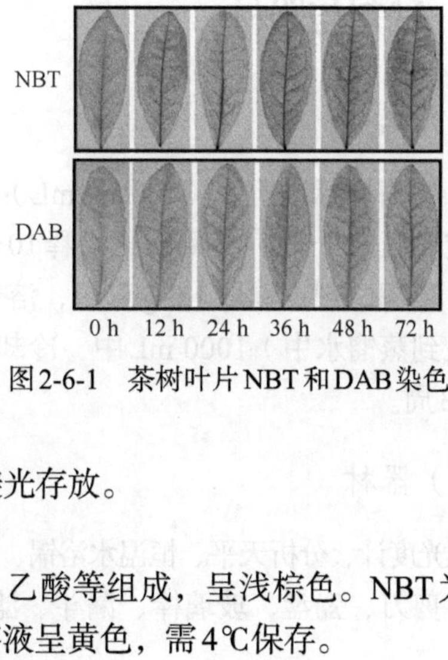

图2-6-1 茶树叶片NBT和DAB染色 彩图

六、注意事项

（1）DAB溶液、NBT溶液需现用现配，避光存放。

（2）染色时间不宜过长。

（3）DAB染色液由亚甲蓝、叶酸衍生物、乙酸等组成，呈浅棕色。NBT为黄色粉末，在水中的溶解度为10 mg/mL，溶于水后溶液呈黄色，需4℃保存。

第七节　可溶性糖含量测定

一、实验目的

学习和掌握蒽酮比色法测定茶树中可溶性糖含量的原理与方法。

二、实验原理

糖在浓硫酸作用下可经脱水反应生成糠醛或羟甲基糠醛，生成的糠醛或羟甲基糠醛可与蒽酮反应生成蓝绿色糠醛衍生物，一定范围内颜色的深浅与糖的含量成正比（王忠，2000），且在630 nm波长下有最大吸收峰。

糖类又称碳水化合物，是茶树光合作用的初级产物，糖类不仅是茶树的贮藏养料和骨架，同时是茶树中绝大多数成分合成的碳源。茶叶中的糖种类丰富，包含单糖、寡糖、多糖及少量其他糖类。单糖和双糖能溶于水且多数具有甜味，是可溶性糖的主要成分，可溶性糖是汤滋味和工艺香气的来源之一，其甜味对茶的苦涩滋味有掩盖和协调作用。茶树因叶片的发育阶段不同，合成糖的种类也有差异，在幼嫩的新梢中主要是单糖和蔗糖；在成熟叶片中除了单糖和蔗糖外，还合成并积累了大量的多糖（主要是淀粉和复合多糖等）。茶叶采摘后，不再进行光合作用，在内源水解酶的作用下，茶叶中的寡糖、多糖被水解为游离态的单糖，往往使其单糖含量有所增加。茶叶在加工过程中，还原糖类会与茶叶中的氨基化合物发生反应，使干茶颜色加深，并赋予茶以板栗香。因此，茶叶中糖的含量，尤其是可溶性糖的含量对茶风味有很大影响。

三、试剂与器材

（一）试剂

（1）葡萄糖标准溶液（100 μg/mL）：准确称取100 mg分析纯无水葡萄糖，溶于蒸馏水并定容至100 mL，使用时再稀释10倍至100 μg/mL。

（2）蒽酮试剂：称取1.0 g蒽酮，溶于80%浓硫酸（将98%浓硫酸稀释，把浓硫酸缓缓加入到蒸馏水中）1000 mL中，冷却至室温，贮于具塞棕色瓶内，于冰箱保存，可使用2～3周。

（二）器材

分光光度计、分析天平、恒温水浴锅、试管、三角瓶、移液管（5 mL、1 mL、0.5 mL）、容量瓶、剪刀、瓷盘、玻璃棒、漏斗、滤纸等。

四、实验步骤

（一）样品中可溶性糖的提取

称取剪碎混匀的新鲜样品0.5～1.0 g（或干样粉末5～100 mg），放入大试管中，加入15 mL蒸馏水，在沸水浴中煮沸20 min，取出冷却，过滤入100 mL容量瓶中，用蒸馏水冲洗残渣数次，定容至刻度。

（二）标准曲线制作

取6支大试管从0～5分别编号，按表2-7-1加入各试剂：

表2-7-1 蒽酮比色法测可溶性糖制作标准曲线的试剂量

试剂	管号					
	0	1	2	3	4	5
100 μg/mL葡萄糖标准溶液/mL	0	0.2	0.4	0.6	0.8	1.0
蒸馏水/mL	1.0	0.8	0.6	0.4	0.2	0
蒽酮试剂/mL	5.0	5.0	5.0	5.0	5.0	5.0
配制后的试剂中葡萄糖量/μg	0	20	40	60	80	100

将各管快速摇动混匀后，在沸水浴中煮10 min，取出冷却，在620 nm波长下用空白调零测定光密度，以光密度为纵坐标，含葡萄糖量（μg）为横坐标绘制标准曲线。

（三）样品测定

取1.0 mL待测样品提取液加入5 mL蒽酮试剂，同以上操作显色，测定光密度，重复3次。

五、计算公式

可溶性糖含量（%）＝从标准曲线查得的糖含量（μg）×稀释倍数×100 ÷样品重（g）×10^6

六、注意事项

（1）研磨要充分，并准确掌握反应的时间和温度。

（2）研磨后静置的过程中，要求每隔一段时间将容量瓶上下颠倒混匀，使糖分充分地提取至溶液中。

（3）在进行比色前要室温静置，温度会影响比色效果。

（4）蒽酮为淡黄色针状晶体，不溶于水，溶于乙醇和热苯，易被空气氧化成褐色，需现配现用。

第八节　脯氨酸含量测定

一、实验目的

（1）掌握脯氨酸标准曲线的制作及茶树体内游离脯氨酸提取与含量测定方法。

（2）了解茶树在逆境下，脯氨酸含量的变化规律。

二、实验原理

脯氨酸（proline，Pro）是一种易溶于水的氨基酸，有三种化学结构：DL-脯氨酸、L-脯氨酸和D-脯氨酸。通常所说的脯氨酸是L-脯氨酸，它是天然存在的一种氨基酸。脯氨酸具有分子量低、高度水溶性、在生理pH范围内无静电荷及低毒性等特性，以游离状态存在于植物体中，在植物组织内是一种理想的渗调物质。在正常环境条件下生长的植物，体内游离脯氨酸的含量较低；但在逆境，如干旱、寒害、热害、盐碱胁迫等条件下，植物体内游离脯氨酸的含量显著增加。脯氨酸亲水性极强，能稳定原生质体及组织内的代谢过程。游离脯氨酸的含量可作为植物抗逆性的生理指标。

植物体内游离脯氨酸可用磺基水杨酸或乙醇提取。在酸性条件下，脯氨酸可与茚三酮加热后反应生成稳定的红色产物（此红色产物有互变异构体，结构如图2-8-1），515 nm波长是其最大吸收峰。产物用甲苯萃取后，在该波长下，A值（吸光度）与溶液中红色产物含量成正比。因此，可以通过标准曲线查出或用回归方程计算出样品中脯氨酸的含量。

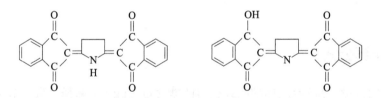

图2-8-1　脯氨酸和茚三酮反应生成产物的互变异构体

三、试剂与器材

（一）试剂

（1）酸性茚三酮溶液：称取2.5 g茚三酮，加入60 mL乙酸和40 mL 2mol/L H_3PO_4，于70℃下加热溶解，冷却后贮于棕色试剂瓶中备用，4℃下2～3 d内有效。

（2）脯氨酸标准溶液：称取0.025 g脯氨酸，溶解在250 mL蒸馏水中，其浓度为100 μg/mL，再取10 mL此液，用蒸馏水稀释至100 mL，即为10 μg/mL脯氨酸标准液。

（3）其他：乙酸、甲苯、3%磺基水杨酸溶液。

（二）器材

天平、分光光度计、离心机、离心管、水浴锅、移液器、容量瓶、25 mL试管、吸管、烧杯、漏斗、10 mL量筒等。

四、实验步骤

（一）标准曲线的绘制

标准曲线的制作：取7支25 mL具塞试管，并编号。按表2-8-1向各试管加入试剂，摇匀后，沸水浴30 min，冷却后各加5.0 mL甲苯，充分摇匀萃取，避光静置2～3 h。待完全分层后，用吸管吸取甲苯层，用分光光度计以1号标准曲线试管作为空白调零，在515 nm波长下测定吸光度。以脯氨酸含量为横坐标，吸光度为纵坐标，绘制标准曲线，使用回归法求得回归直线。

表2-8-1　标准曲线制作

试剂	标准曲线						
	1	2	3	4	5	6	7
脯氨酸标准溶液/mL	0	0.2	0.4	0.8	1.2	1.6	2
水/mL	2	1.8	1.6	1.2	0.8	0.4	0
乙酸/mL	2	2	2	2	2	2	2
酸性茚三酮溶液/mL	2	2	2	2	2	2	2
脯氨酸含量/（μg/mL）	0	2	4	8	12	16	20
A_{515}							

（二）样品中脯氨酸含量的测定

1. 脯氨酸提取

取3枝茶树枝条，每枝枝条剪取3～5叶，去掉主脉，剪碎并混匀，称取0.5 g分别置于试管中，加入5 mL 3%磺基水杨酸，沸水中浸提20 min，冷却后过滤，并加1 mL磺基水杨酸溶液冲洗，即为脯氨酸溶液，测量溶液体积。以未进行任何处理的茶树枝条作对照。

2. 反应

吸取0.5 mL浸提液，加入2 mL乙酸和2 mL酸性茚三酮溶液，沸水中加热30 min，溶液即呈红色。

3. 萃取

冷却后加入5 mL甲苯，立即剧烈摇晃30 s，静置片刻，再将上层甲苯溶液转移到离心管中，3000 r/min离心5 min，用吸管或移液枪取上层红色甲苯溶液于比色杯中。

4. 吸光度值的测定和脯氨酸含量的计算

于515 nm处测定吸光度值，并通过标准曲线计算出其浓度（表2-8-2）。

表2-8-2 脯氨酸的浓度

试剂	样品		
	1	2	3
滤液/mL	0.5	0.5	0.5
水/mL	1.5	1.5	1.5
乙酸/mL	2	2	2
酸性茚三酮溶液/mL	2	2	2
A_{515}			
蛋白质含量/（μg/mL）			

结果计算：测定结果按式（2.8.1）计算：

$$脯氨酸（质量分数）= \frac{C \times V_t}{W \times 10^6} \times 100\% \qquad (2.8.1)$$

式中，C——标准曲线上查得的（或计算的）脯氨酸含量（μg/mL）；

V_t——提取液总体积（mL）；

W——样品干重（g）；

10^6——将g换算为μg。

五、实验结果与分析

图2-8-2是不同处理下茶树叶片游离脯氨酸的含量。随着干旱处理时间的延长，各组处理茶树叶片中游离脯氨酸含量不断增加，复水后，游离脯氨酸含量有所下降，但仍显著高于对照（周琳等，2014）。

六、注意事项

（1）配制的酸性茚三酮溶液仅在24 h内稳定，因此最好现用现配。

（2）测量新样品时，用甲苯冲洗比色杯；试剂添加次序不能出错；记得称量样品鲜重。

（3）茚三酮是白色至淡黄色结晶粉末有机化合物，微溶于乙醚及三氯甲烷，100℃以上变为红色。磺基水杨酸是白色结晶或结晶性粉末，对光敏感，高温时分解成磺酸和水杨酸，遇微量铁时即变成粉红色。

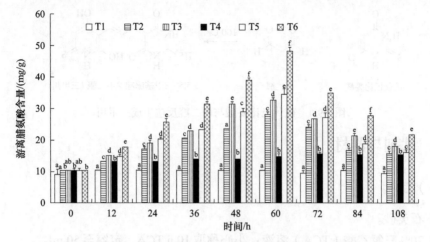

图2-8-2 不同处理对茶树叶片游离脯氨酸含量的影响（周琳等，2014）

T1、T2和T3每盆茶苗喷施250 mL蒸馏水，T4、T5和T6每盆茶苗喷施等体积的0.189 mmol/L ABA。
每盆茶苗20株，每组重复处理3次。喷施蒸馏水/ABA 3 d后，T2、T5组营养液中加入100 mg/mL PEG 6000，
模拟轻度干旱胁迫条件；T3、T6组营养液中加入200 mg/mL PEG6000，模拟中度干旱胁迫条件

第九节　丙二醛含量测定

一、实验目的

（1）了解测定茶树组织中丙二醛含量的意义。
（2）掌握茶树体内丙二醛含量测定的原理及方法。

二、实验原理

在植物衰老生理和抗性生理研究中，丙二醛（MDA）含量是一个常用指标。植物器官衰老或在逆境条件下，往往发生膜脂过氧化作用，MDA是膜脂过氧化的最终产物之一。MDA的积累会对膜和细胞造成一定的伤害：其可以与蛋白质、核酸反应，从而使之丧失功能；还可使纤维素分子间的桥键松弛，或抑制蛋白质的合成。MDA的含量高低可以作为考察细胞受到胁迫严重程度的指标之一，可通过MDA了解膜脂过氧化的程度，间接测定膜系统受损程度以及植物的抗逆性。

测定植物体内丙二醛的含量，通常利用硫代巴比妥酸在酸性条件下加热与组织中的丙二醛产生显色反应，生成红棕色的三甲川（图2-9-1），三甲川最大吸收峰在532 nm处，最小吸收峰在600 nm处，消光系数为155［mmol/（L·cm）］。低浓度的Fe^{3+}能显著增加三甲川在532 nm、450 nm处的吸光值，所以在硫代巴比妥酸与丙二醛的显色反应中需要有一定的Fe^{3+}存在（终浓度为0.5 nmol/L）。在532 nm、600 nm和450 nm波长处测定吸光度值，即可计算丙二醛含量（Yuan et al., 2016）。

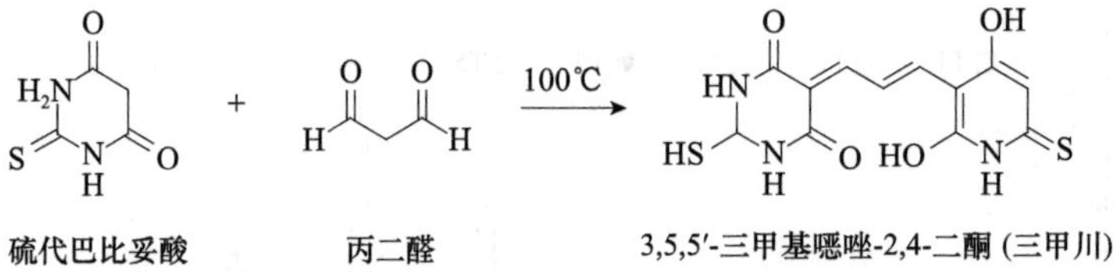

图2-9-1   硫代巴比妥酸与丙二醛反应生成三甲川

三、试剂与器材

（一）试剂

（1）石英砂。

（2）20%三氯乙酸（TCA）溶液：小心称取10 g TCA，定容至50 mL。

（3）0.1%三氯乙酸（TCA）溶液：取250 μL 20%的TCA稀释至50 mL。

（4）0.5%硫代巴比妥酸（TBA）溶液：0.25 g硫代巴比妥酸溶解于50 mL 20% TCA。

（二）器材

天平、研钵、移液器、量筒（5 mL）、试管、10 mL离心管、离心机、水浴锅、分光光度计等。

四、实验步骤

（1）称取0.2 g叶片放入研钵中，加入少许石英砂和2 mL 0.1% TCA研成匀浆，转移到试管，再用3 mL 0.1% TCA冲洗研钵两次，合并提取液。每个样品做三个生物学重复。

（2）向提取液中加入5 mL 0.5% TBA溶液，摇匀。

（3）将试管放入沸水浴中显色15 min，到时间后立即取出放入冰浴中冷却至室温。

（4）待试管冷却后转入10 mL离心管中，3000 r/min离心15 min，取上清液，测量其体积，并以0.5% TBA溶液作为参比值，测量OD_{600}、OD_{532}、OD_{450}结果并计算丙二醛含量：

$$MDA(\mu mol / g\,FW) = \frac{[6.425 \times (OD_{532} - OD_{600}) - 0.559 \times OD_{450}] \times V_t}{V_s \times W} \quad (2.9.1)$$

式中，MDA——丙二醛含量（μmol/g）；

V_t——提取液总体积（mL）；

V_s——测定用提取液体积（mL）；

W——样品鲜重（g）。

五、实验结果与分析

图2-9-2为茶树叶片丙二醛含量柱状图，平均值为11.28 μmol/g。

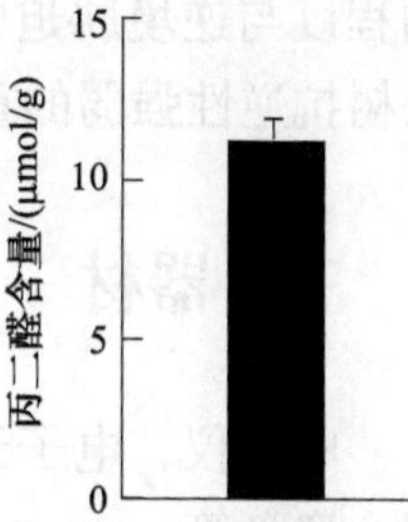

图2-9-2　茶树叶片丙二醛含量

六、注意事项

（1）0.1%~0.5%三氯乙酸对丙二醛-硫代巴比妥酸反应较合适，高于此浓度后非特异性吸收偏高。

（2）丙二醛-硫代巴比妥酸显色反应加热时，沸水浴10~15 min，时间过长或过短，OD_{532}值下降。

（3）待测液浑浊可适当增加离心力及时间，最好使用低温离心机离心。

（4）可溶性糖与TBA显色反应的产物在532 nm也有吸收（最大吸收450 nm），当植物处于干旱、高温和低温等逆境时可溶性糖含量会增高，必要时要排除可溶性糖的干扰。

（5）低浓度的铁离子能增强MDA与TBA的显色反应，当植物组织中铁离子浓度过低时应补充Fe^{3+}（最终浓度为0.5 nmol/L）。

（6）石英砂是一种乳白色或无色半透明状非金属矿物质，为坚硬、耐磨、化学性能稳定的硅酸盐矿物质，其主要矿物成分是SiO_2；三氯乙酸（TCA）有机化合物为无色结晶，有刺激性气味，易潮解，溶于水、乙醇、乙醚；硫代巴比妥酸（TBA）为白色或浅黄色片状结晶，有恶臭，对空气敏感，溶于热水、乙醇、乙醚、稀碱溶液和稀盐酸，微溶于冷水。

第十节　相对电导率测定

一、实验目的

（1）学习电导法测定膜相对电导率的方法。
（2）了解茶树在逆境下膜相对电导率的变化规律。

二、实验原理

相对电导率是反映植物膜系统状况的一个重要的生理生化指标，茶树在逆境胁迫下细胞膜容易发生破裂，细胞膜透性增加，电解质外渗，外渗的电解质引起溶液相对电导率增大（陈爱葵等，2010）。

茶树细胞膜对维持细胞的微环境和正常代谢起着重要的作用。在正常情况下，细胞膜对物质具有选择透性的能力。当茶树受到逆境环境影响时，细胞膜遭到破坏，膜透性增大，从而使细胞内的电解质外渗，茶树细胞浸提液的电导率增大。膜透性增大的程度与逆境胁迫强度有关，也与茶树抗逆性的强弱有关。因此，相对电导率是鉴定茶树抗逆性强弱的重要方法。

三、器材

电导仪、电子天平、水浴锅、刻度试管、注射器、小镊子、培养皿、滤纸条、剪刀、瓷盘等。

四、实验步骤

（一）清洗用具

所用玻璃用具均需先用洗涤剂清洗，然后用自来水、蒸馏水各清洗3次，干燥后备用。

（二）实验方法

1. 浸泡法

取大小相当的茶树叶片（尽量保证叶片的完整性，含茎节少），用自来水洗净后，再用蒸馏水冲洗3次，用滤纸吸干表面水分，将叶片剪成适宜长度的长条（避开主脉），快速称取鲜样3份，每份0.1 g，分别置于含10 mL去离子水的刻度试管中，盖上玻璃塞，置于室温下浸泡处理12 h。用电导仪测定浸提液电导率（R_1），然后沸水浴加热30 min，冷却至室温后摇匀，再次测定浸提液电导率（R_2）（Wang et al., 2013）。

$$相对电导率＝（R_1/R_2）×100\% \qquad (2.10.1)$$

2. 真空法

取大小相当的茶树叶片（尽量保证叶片的完整性，含茎节少），用自来水冲洗后，再用蒸馏水冲洗干净，用滤纸吸净表面水分。避开主脉将叶片切割成大小一致的叶块，混合均匀，称量0.1 g放入装有约6 mL去离子水的注射器中，不断抽气放气，直至叶片完全沉入水底，将抽真空后的叶片在去离子水中处理3 h，用电导仪测定浸提液电导率（R_1），然后沸水浴加热30 min，冷却至室温后摇匀，再次测定浸提液电导率（R_2），重复三次。相对电导率的计算公式同浸泡法。

五、注意事项

（1）对叶片进行打孔时要尽量避开叶脉。
（2）在测定过程中不可用手直接接触叶片，叶片接触的用具必须保持洁净。
（3）测定后的电极要用纯水清洗干净。

第十一节　内源激素含量测定

一、实验目的

掌握高效液相串联质谱技术，实现对 IAA、SA、ABA、JA 和 JA-Ile 的高效性和专一性的定量检测的方法。

二、实验原理

植物内源激素是由植物自身代谢产生的，在极低浓度下就可以产生明显生理效应的一类微量有机物质。这些小分子物质既相互独立又协同调控植物的胚胎发育、营养生长、生殖生长及抵御胁迫等生理过程。传统的植物激素主要包括生长素（auxins）、细胞分裂素（cytokinin，CTK）、赤霉素（gibberellin，GA）、脱落酸（abscisic acid，ABA）和乙烯（ethylene，ETH）。随着分析技术的进步，人们又相继发现一系列激素信号分子，如水杨酸（salicylic acid，SA）、茉莉酸（jasmonic acid，JA）、油菜素甾醇（brassinosteroid，BR）和独脚金内酯（strigolactone，SL）等（黎家等，2019）。早期激素检测方法主要包括生物鉴定法、免疫检测法、毛细管电泳法和理化检测法等。近年来，随着分析手段的提升和仪器设备的更新换代，在高效液相色谱的基础上，串联使用高分辨率的质谱技术逐渐成为超微量激素含量检测的主流手段。

依据"相似相容"原理，利用有机试剂将植物激素提取出来，进行浓缩纯化，使用常用的反相 C18 色谱柱对不同激素物质进行分离。三重四级杆是由三组四级杆空间串联而成，三重四级杆质谱是空间串联的多级质谱分析，也叫 QQQ 质谱。Q1 可以根据设定的质荷比范围选择和扫描特定离子；Q2 也称碰撞池，在离子飞行途中引入碰撞气体氮气；Q3 用于分析从 Q2 中飞出的碎片离子。多重反应监测（multiple reaction monitoring，MRM）模式可以使 Q1 通过特定的母离子，Q2 引入合适的碰撞电压，Q3 采集母离子的特征性子离子碎片，通过多重监测，实现对化合物的定量检测。

三、试剂与器材

（一）试剂

（1）提取液：使用乙酸乙酯配制以下标准品溶液，5 ng/mL ^{2}H-IAA、5 ng/mL ^{2}H-SA、5 ng/mL ^{2}H-ABA、5 ng/mL D6-JA-Ile、20 ng/mL D6-JA）。

（2）其他：液氮、甲醇（色谱级，CAS：67-56-1）、纯水（色谱级，CAS：7732-18-

5）、甲酸（色谱级，CAS：64-18-6）、甲酸铵（色谱级，CAS：540-69-2）、IAA（CAS：87-51-4）、SA（CAS：69-72-7）、ABA（CAS：14375-45-2）、JA（CAS：3572-66-5）、JA-Ile、^{2}H-IAA（CAS：76937-78-5）、^{2}H-SA（CAS：78646-17-0）、^{2}H-ABA（CAS：35671-08-0）、D6-JA（CAS：221682-79-7）、D6-JA-Ile（CAS：120330-93-0）。

（二）器材

研钵、电子天平、C18色谱柱（Phenomenex，Kinetex 2.6 μm C18，100Å，柱长100 mm，内径4.6 mm）、振荡萃取仪、高速低温离心机、离心管、真空离心浓缩仪、无菌滤膜、超高效液相三重四级杆串联质谱仪等。

四、实验步骤

（一）样品前处理

（1）在液氮中充分研磨样品（鲜样），称取研磨后的样品50～100 mg置于预冷过的2 mL离心管中，加入1 mL提取液。

（2）在振荡萃取仪上以2000 r/min振荡15 min。

（3）将离心管取出来，放入低温离心机，在4℃下以12 000 r/min离心15 min。

（4）小心地吸取上清置于新的2 mL离心管中，将离心管打开盖子置于真空离心浓缩仪中，直至乙酸乙酯完全蒸干。将离心管取下，倒置，直至离心管底部完全没有液体流动为止。

（5）吸取200 μL 50%甲醇至蒸干后的样品中，2000 r/min振荡15 min。

（6）将第5步的离心管置于低温离心机中，在4℃下13 000 r/min离心20 min。

（7）小心地吸取上清至新的1.5 mL离心管中，在4℃下13 500 r/min离心30 min。

（8）将上清过0.22 μm无菌滤膜后，小心吸取过滤后的上清至液相瓶中，准备上样。

（二）上机准备

（1）配流动相，A相为纯水（0.1%甲酸＋5 mmol/L甲酸铵）；B相为甲醇。

（2）打开液相串联质谱仪，将流动相换上，将外通路灌注5min，流速设为5 mL/min；

（3）灌注结束，接柱子，将流速缓慢升至0.4 mL/min，注意观察柱子接口处是否漏液；若漏液，将流速降为0，重新接柱子。

（4）将初始流动相设为80% A相＋20% B相。

（5）设置方法：

1）洗脱条件设为：0.01～6.50 min，80% A相＋20% B相；6.50～8.00 min，5% A相＋95% B相；8.00～8.10 min，5% A相＋95% B相；8.10～10.00 min，80% A相＋20% B相。柱温为40℃。

2）质谱条件为：模式为MRM模式，鞘气温度为350℃，流速为11.0 L/min；干燥气温度为325℃，流速为6.0 L/min。

3）其余参数如表2-11-1所示。

表2-11-1　质谱参数

化合物	模式（+/-）	母离子（m/z）	子离子（m/z）	碰撞能量/eV	碎裂电压/V
IAA	+	176	130	-15	135
²H-IAA	+	181	134.05	-23	135
SA	-	137.1	93	18	135
²H-SA	-	141.15	97	19	135
ABA	-	263.2	153.25	10	135
²H-ABA	-	269.2	159.2	11	135
JA	-	209.2	59.05	12	135
D6-JA	-	215.2	59.2	14	135
JA-Ile	-	322.2	130.15	21	135
D6-JA-Ile	-	328.25	130.15	24	135

注：+指正离子模式，-指负离子模式

五、实验结果与分析

使用软件Qualitative Analysis B.07.00打开结果数据，IAA、SA、ABA和JA-Ile的含量按照式（2.11.1）计算：

$$IAA/SA/ABA/JA\text{-}Ile\text{含量}=(5\times V\times S_1)/(S_2\times m) \tag{2.11.1}$$

JA的含量按照以下公式计算：

$$JA\text{含量}=(20\times V\times S_1)/(S_2\times m) \tag{2.11.2}$$

式中，V——提取液的体积（mL）；

S_1——激素物质的峰面积（mAU·min）；

S_2——同位素内标的峰面积（mAU·min）；

m——样品质量（g）。

图2-11-1是五种植物激素的标准品及其对应的同位素内标在QQQ-LC-MS中以MRM模式跑出的色谱图。依据标准品的保留时间，以及对应的母离子和子离子，对样品中的目标峰进行积分，按照上述公式进行计算。

计算举例：

称取茶树叶片0.075 g（鲜重）于离心管中，加入1 mL的提取液进行提取。提取液中提前加入5 ng/mL ²H-IAA、²H-SA、²H-ABA、D6-JA-Ile和20 ng/mL D6-JA。样品在MRM模式下，IAA（176＞130）的峰面积为139（mAU·min），²H-IAA（181＞134）的峰面积为132（mAU·min），JA（209＞59）的峰面积为841（mAU·min），D6-JA（215＞59）的峰面积为174（mAU·min），则叶片中IAA和JA的含量计算如下：

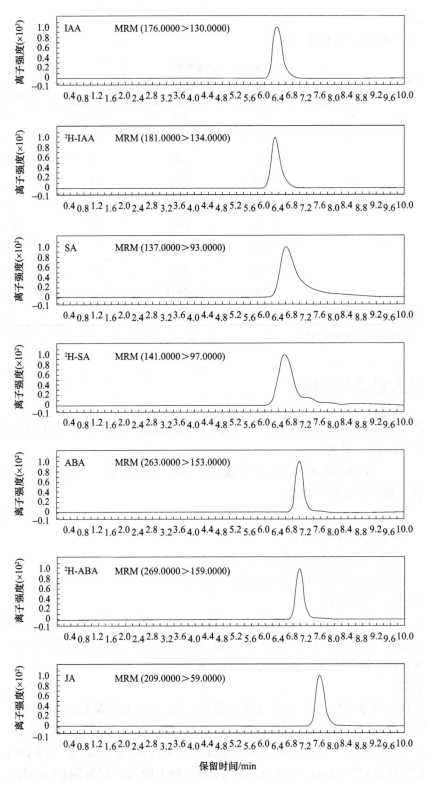

图2-11-1　十个标准品在MRM模式下的LC-MS色谱图

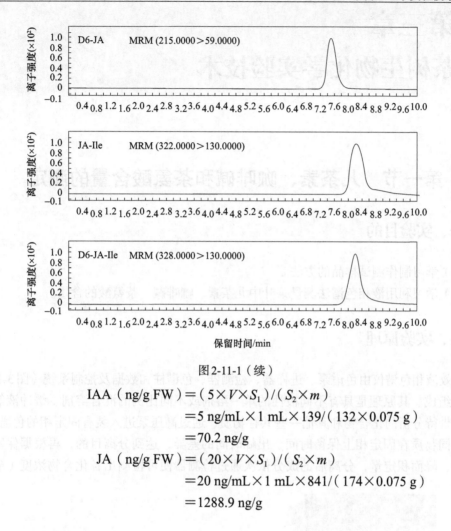

图 2-11-1（续）

$$IAA（ng/g\ FW）=（5\times V\times S_1）/（S_2\times m）$$
$$=5\ ng/mL\times1\ mL\times139/（132\times0.075\ g）$$
$$=70.2\ ng/g$$
$$JA（ng/g\ FW）=（20\times V\times S_1）/（S_2\times m）$$
$$=20\ ng/mL\times1\ mL\times841/（174\times0.075\ g）$$
$$=1288.9\ ng/g$$

六、注意事项

（1）液氮研磨时离心管温度特别低，注意样品不要爆管喷洒出去，每称取完一个样品，都要详细记录重量，以便后面计算使用。称取完样品的管子可暂时放在液氮中保存。

（2）^{2}H-ABA、^{2}H-SA 配制成溶液后比较容易降解，尽量控制好存储时间，相同情况下，^{2}H-IAA、D6-JA 和 D6-JA-Ile 的稳定性会好很多。

（3）液氮是液态的氮气，惰性、无色、无臭、无腐蚀性、不可燃、温度极低，气化时大量吸热接触造成冻伤；乙酸乙酯是无色透明液体，能与氯仿、乙醇、丙酮和乙醚混溶，溶于水，低毒性，有甜味，浓度较高时有刺激性气味，易挥发，对空气敏感；甲醇又称“木醇”或“木精”，是无色有酒精气味且易挥发的液体，用于制造甲醛和农药等；甲酸又称蚁酸，为无色，有刺激气味，且有腐蚀性，人类皮肤接触后会起泡、红肿；甲酸铵为无色或白色单斜晶系晶体或粉末，对环境有危害。

第三章
茶树生物化学实验技术

第一节 儿茶素、咖啡碱和茶氨酸含量的测定

一、实验目的

（1）学习制作测试样品的方法。
（2）学习利用液相色谱法测量茶叶中儿茶素、咖啡碱、茶氨酸的含量。

二、实验原理

高效液相色谱仪由色谱泵、进样器、检测器、色谱柱和数据及控制系统（图3-1-1）五部分组成。其原理是具有不同极性的单一溶剂或不同比例的混合溶剂、缓冲液等流动相携带待分析的化合物和其他一些共存物质，通过高压泵进入装有固定相的色谱柱，利用不同物质在固定相上保留时间、出峰时间的差异，达到分离目的，再根据保留时间定性、峰面积定量，分离后的成分依次通过检测器便可检测出各化合物浓度（俞兆

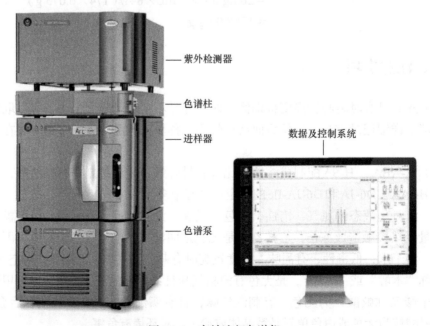

图3-1-1　高效液相色谱仪

程，2018）。流动相为高压输送，色谱柱是以小粒径的填料填充而成，色谱柱后连接高灵敏度的检测器，可对待分析化合物进行连续检测。

儿茶素属于黄烷醇类物质，茶叶中的儿茶素类化合物包括儿茶素（C）、表儿茶素（EC）、表没食子儿茶素（EGC）、表没食子儿茶素没食子酸酯（EGCG）、没食子儿茶素（GC）、没食子儿茶素没食子酸酯（GCG）、儿茶素没食子酸酯（CG）及表儿茶素没食子酸酯（ECG）8种单体，可作为活性氧清除剂发挥抗氧化功效，实现延缓衰老的作用；其中EGCG是潜在的有效抗癌化合物，可诱导癌细胞凋亡，具有抗肿瘤作用，还表现出抗DNA和RNA病毒活性，有抗病毒的作用。动物实验中，儿茶素对心血管疾病有防治作用，表现在降血脂、降血压、保护心肌、抑制脂质过氧化和血栓形成等方面；此外，还能缓解多种肾病伴随的水肿症状、减少肾结石发生。

三、试剂与器材

（一）试剂

（1）乙二胺四乙酸二钠（EDTA-Na$_2$）溶液：10 mg/mL，现配现用。

（2）抗坏血酸溶液：10 mg/mL，现配现用。

（3）纯度≥99%的儿茶素标准品：C（CAS：18829-70-4）、EC（CAS：35323-91-2）、EGC（CAS：970-74-1）、EGCG（CAS：989-51-5）、GC（CAS：3371-27-5）、GCG（CAS：5127-64-0）、CG（CAS：130405-40-2）和ECG（CAS：1257-08-5）。

（4）其他：甲醇（色谱纯）、乙酸（色谱纯）、乙腈（色谱纯）、咖啡碱标准品（CAS：83-67-0）、L-茶氨酸（分析纯）（CAS：3081-61-6）、三级水。

（二）器材

高效液相色谱仪（HPLC）、反向C18色谱柱（粒径5 μm，柱长250 mm，内径4.6 mm）、分析天平（精确度为0.0001 g）、恒温水浴锅、高速离心机、0.22 μm有机相滤膜、0.22 μm水相滤膜、冷冻干燥机、10 mL容量瓶、50 mL容量瓶、10 mL离心管、15 mL离心管、粉碎机、40目筛子、玻璃棒、超声振荡仪、纯水机等。

四、实验步骤

（一）茶树鲜叶样品中儿茶素、咖啡碱和茶氨酸提取与定量分析

1. 儿茶素、咖啡碱及茶氨酸标准溶液的配制

（1）称取0.01 g咖啡碱及各种儿茶素标准品（精确到0.0001 g），用80%甲醇溶解后移入10 mL容量瓶中，稀释至刻度，混匀。此时溶液中每种物质的浓度均为1 mg/mL。准确吸取标准溶液母液用80%甲醇稀释，得到浓度分别为0 μg/mL、5 μg/mL、10 μg/mL、20 μg/mL、50 μg/mL、100 μg/mL 和 200 μg/mL 的儿茶素和咖啡碱混合标准溶液，在 -20℃下储存，有效期为一年（Liu et al., 2019）。

（2）称取 0.05 g 茶氨酸标准品（精确到 0.0001 g），用水溶解后移入 50 mL 容量瓶中稀释至刻度，混匀。此时溶液中茶氨酸浓度为 1 mg/mL，分别准确吸取茶氨酸标准储备溶液 0 mL、0.1 mL、0.2 mL、0.5 mL、1.0 mL、1.5 mL、2.0 mL，用纯水定容至 10 mL，得到浓度分别为 0 mg/mL、0.01 mg/mL、0.02 mg/mL、0.05 mg/mL、0.10 mg/mL、0.15 mg/mL、0.20 mg/mL 的茶氨酸标准溶液，在 -20℃下储存，有效期为一年。

2. 样品处理

为保证实验结果的精确性，首先需将茶树鲜叶用冷冻干燥机冻干 48 h。

（1）测定儿茶素、咖啡碱含量：经磨碎混匀后，称取 0.05 g（准确至 0.0001 g）磨碎试样（或茶叶）于 5 mL 离心管中，加 4 mL 80% 甲醇置于超声振荡仪中超声处理 30 min，每隔 10 min 取出上下颠倒一次。超声后离心 10 min（3500 r/min），用 0.22 μm 有机相滤膜过滤，然后置于液相色谱仪进行分析（Zhu et al., 2018）。

（2）测定茶氨酸含量：经磨碎混匀后，称取 0.2 g（准确至 0.0001 g）磨碎试样（或茶叶）于 5 mL 离心管中，加 4 mL 纯水置于 100℃的恒温水浴锅中浸提 10 min 后再离心 10 min，用 0.22 μm 水相滤膜过滤，然后置于液相色谱仪进行分析。

3. 色谱条件

（1）测定儿茶素、咖啡碱色谱条件：

流速：1.0 mL/min；

柱温：（35±0.5）℃；

进样量：10 μL；

检测波长：278 nm；

梯度洗脱条件：如表 3-1-1 所示。

表 3-1-1　测定儿茶素、咖啡碱的梯度洗脱条件

时间 /min	A/%	B/%	备注	时间 /min	A/%	B/%	备注
0	95	5	分析	28	0	100	洗柱
2	80	20	分析	31	0	100	洗柱
14	75	25	分析	35	95	5	平衡
20	58	42	分析	38	95	5	平衡
22	58	42	分析				

注：A 相流动相为 0.2% 乙酸；B 相流动相为 100% 甲醇

（2）测定茶氨酸色谱条件：

流速：1.0 mL/min；

柱温：（35±0.5）℃；

进样量：10 μL；

检测波长：210 nm；

梯度洗脱条件：如表3-1-2所示。

表3-1-2　测定茶氨酸的梯度洗脱条件

时间/min	A/%	B/%	备注	时间/min	A/%	B/%	备注
0	100	0	分析	20	20	80	洗柱
10	100	0	分析	22	100	0	平衡
12	20	80	洗柱	40	100	0	平衡

注：A相流动相为三级水；B相流动相为100%乙腈

4．测定

以上述样品洗脱和色谱条件进行液相色谱分析。依照构建的儿茶素、咖啡碱和茶氨酸标准曲线，根据色谱峰面积换算出上述物质在茶树鲜叶样品中的浓度。此外，测试液中的儿茶素、咖啡碱和茶氨酸色谱峰面积均须在仪器测定和标准曲线的线性范围之内。色谱图见图3-1-2和图3-1-3。

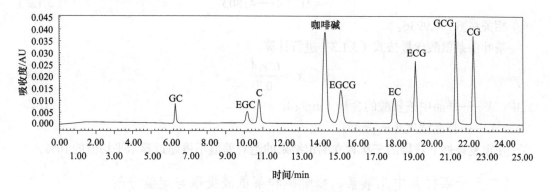

图3-1-2　各种儿茶素及咖啡碱标准样色谱图

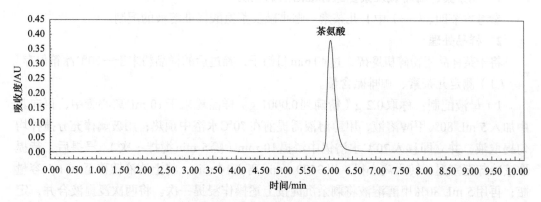

图3-1-3　茶氨酸标准样色谱图

（1）各儿茶素组分及咖啡碱线性回归方程见表3-1-3。

表3-1-3 各儿茶素组分及咖啡碱线性回归方程

各组分	线性回归方程	相关系数	各组分	线性回归方程	相关系数
GC	$y=2180.2x+18080$	0.9993	GCG	$y=13279x-95546$	0.9997
EGC	$y=2256x+19141$	0.9991	ECG	$y=14049x-28648$	0.9997
C	$y=6001.6x-1279.5$	0.9996	CG	$y=12813x-50824$	0.9997
EGCG	$y=12633x-119795$	0.9997	咖啡碱	$y=19840x+62196$	0.9994
EC	$y=6507.1x+982.37$	0.9996			

茶叶中各儿茶素组分和咖啡碱含量按式（3.1.1）进行计算：

$$X=\frac{C\times 4}{0.05\times 1000} \tag{3.1.1}$$

式中，X——样品中儿茶素或咖啡碱的含量（mg/g）；

C——样品浓度（μg/mL）。

在重复条件下获得的三次独立测定结果的绝对差值不得超过算术平均值的10%。

（2）茶氨酸线性回归方程见式（3.1.2）。

$$y=2122.4x+41803 \tag{3.1.2}$$

相关系数：0.9936。

茶叶中茶氨酸含量按式（3.1.3）进行计算：

$$X=\frac{C\times 4}{0.2} \tag{3.1.3}$$

式中，X——样品中茶氨酸的含量（mg/g）；

C——样品浓度（mg/mL）。

在重复条件下获得的三次独立测定结果的绝对差值不得超过算术平均值的10%。

（二）干茶样品中儿茶素、咖啡碱和茶氨酸提取与定量分析

1. 儿茶素、咖啡碱及茶氨酸标准溶液的配制

参考本节四、（一）中1.儿茶素、咖啡碱及茶氨酸标准溶液的配制。

2. 样品处理

将干茶样品用粉碎机磨碎，过40 mm目筛子，筛过后的样品粉末于−20℃冰箱保存。

（1）测定儿茶素、咖啡碱含量。

1）母液配制：称取0.2 g（精确到0.0001 g）样品粉末于10 mL离心管中，再向其中加入5 mL 80%甲醇溶液，甲醇溶液需提前在70℃水浴中预热；用玻璃棒充分搅拌均匀提取液，并立即移入70℃水浴锅中浸提10 min（隔5 min搅拌一次）。浸提后，待提取液冷却至室温，转入离心机，以3500 r/min离心10 min，将上清液转移至10 mL容量瓶；再用5 mL 80%甲醇溶液将剩余沉淀按上述操作浸提一次。将两次浸提液合并，定容至10 mL，摇匀待用，浸提液在4℃下至多保存24 h。

2）测试液配制：用移液管移取2 mL上述配制的母液至10 mL容量瓶中，用80%甲醇溶液定容，再用0.22 μm有机相滤膜过滤后，进行液相色谱分析。

（2）测定茶氨酸含量：称取0.1 g（准确至0.0001 g）样品粉末于15 mL离心管中，加10 mL煮沸的蒸馏水，置于100℃恒温水浴锅中浸提30 min。提取液冷却后，以13 000 r/min离心10 min，并将上清液转移至10 mL容量瓶中定容，用0.22 μm水相滤膜过滤后，进行液相色谱分析。

3. 色谱条件

（1）测定儿茶素、咖啡碱色谱条件参考本节四、（一）3.（1）中色谱条件。

（2）测定茶氨酸色谱条件。

流速：1.0 mL/min；

柱温：（35±0.5）℃；

进样量：10 μL；

检测波长：210 nm；

梯度洗脱条件：如表3-1-4所示。

4. 测定

以上述样品洗脱和色谱条件进行液相色谱分析。依照构建的儿茶素、咖啡

表3-1-4 梯度洗脱条件

时间/min	A/%	B/%	备注
0	100	0	分析
7	100	0	分析
9	40	60	洗柱
15	100	0	平衡
20	100	0	平衡

注：A相流动相为三级水；B相流动相为100%乙腈

碱和茶氨酸标准曲线，根据色谱峰面积换算出上述物质在干茶样品中的浓度。此外，测试液中的儿茶素、咖啡碱和茶氨酸色谱峰面积须均在仪器测定和标准曲线的线性范围之内。儿茶素和咖啡碱色谱图见图3-1-2，茶氨酸色谱图同图3-1-3。

（1）干茶样中各儿茶素组分及咖啡碱线性回归方程见表3-1-3。

茶叶中各儿茶素组分和咖啡碱含量按式（3.1.4）进行计算：

$$C = \frac{X \times V \times d \times 100}{m \times \omega \times 10^6} \tag{3.1.4}$$

式中，C——样品中儿茶素或咖啡碱含量（%）；

X——标准曲线上的浓度（μg/mL）；

V——样品提取液的体积（mL）；

m——样品称取量（g）；

ω——样品的干物质含量（质量分数，%）；

d——稀释因子（通常为2 mL稀释成10 mL，则其稀释因子为5）。

在重复条件下获得的三次独立测定结果的绝对差值不得超过算术平均值的10%。

（2）茶氨酸线性回归方程：$y=4112.9x+9241.5$，相关系数：0.9994。茶叶中茶氨酸含量按式（3.1.5）进行计算：

$$X = \frac{C \times V \times 1000}{m \times \omega \times 1000} \tag{3.1.5}$$

式中，X——样品中茶氨酸的含量（g/kg）；

C——标准曲线上对应的浓度（mg/mL）；

V——最终定容后样品的体积（mL）；

m——样品的质量（g）；

ω——样品的干物质含量（质量分数，%）。

在重复条件下获得的三次独立测定结果的绝对差值不得超过算术平均值的10%。

五、注意事项

（1）所测样品儿茶素、咖啡碱及氨基酸的含量不应超出标准曲线的范围。

（2）水浴时，应将离心管用封口膜密封。

（3）甲醇是结构最为简单的饱和一元醇，无色、有酒精气味、易挥发；乙酸又名醋酸或冰醋酸，是一种有机一元酸，为食醋内酸味及刺激性气味的来源；乙腈又名甲基氰，无色液体，极易挥发，有类似于醚的特殊气味，有优良的溶剂性能，能溶解多种有机、无机和气体物质，有一定毒性，与水和醇无限互溶；儿茶素为白色针状结晶，溶于热水、乙醇、乙酸、丙酮，微溶于冷水和乙醚，几乎不溶于苯、氯仿及石油醚。

第二节　香气物质分离及含量测定

一、实验目的

（1）掌握利用固相微萃取（SPME）提取茶叶香气挥发物的方法。

（2）了解利用气相色谱-质谱（GC-MS）检测茶叶挥发物成分和含量的方法。

二、实验原理

固相微萃取（solid-phase microextraction，SPME）是Pawliszyn等于1989年开发的一种无溶剂（solvent-free）萃取技术（Arthur and Pawliszyn，1990）。SPME因具有通用性强、可靠性高、成本低、取样方便等优点，与液相色谱（LC）、气相色谱（GC）等分离检测技术相结合，广泛应用于学术研究、医学和日常分析中。

SPME的基本原理是通过吸附/吸收的方法从样品介质中提取目标物，然后通过加热或解吸溶剂将分析物解吸到相应仪器中进行分离分析，其中与GC的结合使用最为普遍。在与GC结合使用过程中，由于被分析物需要被热解吸到色谱的进样口，因此SPME-GC的应用通常仅限于具有挥发性和热稳定的化合物分离检测。SPME-GC/MS是目前茶叶香气检测、鉴定的主要方法之一。本实验仅介绍利用SPME提取茶叶香气挥发物的应用方法。

SPME萃取装置主要包含操作手柄和萃取针两部分（图3-2-1）。使用时首先将操作手柄的a拧下，将萃取针通过b，然后将萃取针螺纹头接入d，推动活塞再将手柄组合起来并拧紧，即组装完毕。萃取针是SPME的关键部件，分为自动型和手动型两种（图3-2-1C），要根据SPME连接的GC装置是自动进样还是手动进样进行选择。萃取针吸附/吸收化合物是依靠其针尖处的纤维涂层，该涂层包含两种材质：用于吸收分

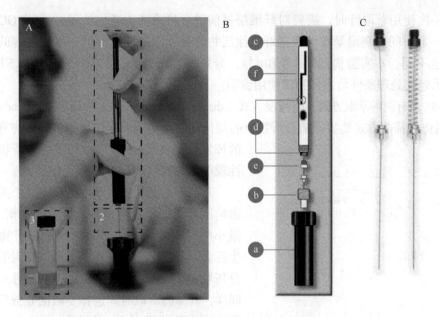

图3-2-1　SPME操作及装置示意图（图片改自Supelco产品手册）

A. SPME操作演示图；B. SPME萃取装置图解；C. SPME萃取针（左为自动型，右为手动型）

1. SPME手柄；2. SPME萃取针头；3. 进样瓶

a. 可调节针头导轨；b. 固定螺纹；c. 推杆；d. 推杆支撑旋钮；e. 彩色旋转头；f. 手柄筒

析物的聚合物膜和嵌入在聚合物膜中用于吸附分析物的颗粒。吸收纤维涂层主要是聚二甲基硅氧烷（PDMS）、聚丙烯酸酯（PA）或聚乙二醇（PEG），PDMS为非极性的，PA和PEG均是极性的。吸附纤维涂层的多孔颗粒多为二乙烯基苯（DVB）、碳分子筛吸附剂（CAR）或两者的组合，PDMS主要用作黏结剂。颗粒上的吸附是一种更强、更有效的萃取机制，故颗粒纤维更适合于低浓度的痕量分析，但颗粒吸附的物质范围有限，故需要与吸收纤维结合使用。对于萃取针纤维涂层的选择可参考表3-2-1；对于茶叶香气物质检测时的萃取针纤维涂层的选择，主要为3号和8号。

表3-2-1　基于分析物类型的纤维涂层选择

分析物类型	分子量范围	萃取针纤维涂层选择
气体和小分子量化合物	30～225	75 mm/85 mm CAR/PDMS（1号）
挥发物	60～275	100 mm PDMS（2号）
挥发物、胺类、硝基芳香化合物	50～300	65 mm PDMS/DVB（3号）
极性半挥发性物质	80～300	85 mm PA（4号）
非极性高分子量化合物	125～600	7 mm PDMS（5号）
非极性半挥发性物质	80～50	30 mm PDMS（6号）
醇类和极性化合物	40～275	60 mm CARBOWAX（PEG）（7号）
C_3-C_{20}挥发性/半挥发性香气物质	40～275	50 mm/30 mm DVB/CAR on PDMS on a StableFlex fiber（8号）
痕量组分分析	40～275	50 mm/30 mm DVB/CAR on PDMS on a 2 cm StableFlex fiber（9号）

第一次使用萃取针时，需要对纤维层提前进行热清洗（老化处理），即在GC进样前进行一定时间的高温暴露。根据纤维涂层物差异及涂层厚度不同，老化处理的温度和时间也不同。本实验提到的3号和8号，分别需要在250℃和270℃下处理0.5 h，其他类型的老化处理条件请参照相应使用说明。

SPME常有两种萃取方式：直接浸入式（direct immersion, DI）和顶空式（headspace, HS），具体选择的方式要根据被分析物质的理化性质及基质而定，如果被分析物有很好的挥发性则首选HS萃取，如果被分析物挥发性较低且具有较高极性则首选DI方式。

萃取时间是SPME萃取过程中一个关键的影响因素。如萃取在被分析物达到平衡之前，微小的时间变化就会导致吸附的分析物量产生巨大差异；如萃取在平衡之后，此时吸附的分析物量对时间变化则不太敏感（图3-2-2）。同样，具体的萃取时间选择要根据分析目的而定。本实验对干茶和茶树鲜叶样品中香气物质的提取采用了顶空萃取方式，在样品达到或接近平衡时开始SPME萃取。

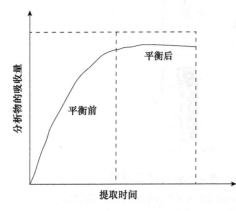

图3-2-2 萃取时间对分析物吸收量的影响

三、试剂与器材

（一）试剂

内标，如癸酸乙酯。

（二）器材

顶空瓶、水浴锅、电子天平、SPME手柄、SPME萃取针、气象色谱质谱联用仪等。

四、实验步骤

（一）干茶样品香气物质提取与定量分析

1. 顶空固相微萃取法提取茶叶香气挥发物

（1）称取1.000 g干茶样粉末于20 mL顶空瓶中（图3-2-1A-3），然后加入6.0 mL沸水，如使用相对定量方法，须在顶空瓶中再加5 μL内标，并立刻密封。

（2）将密封的顶空瓶于60℃水浴中平衡10 min。

（3）将准备好的SPME萃取针插入顶空瓶中，推出纤维头（50 mm/30 mm DVB/CAR on PDMS）至距液面上方约1 cm处，在60℃水浴下吸附1 h。

（4）吸附完成后，将纤维头退回萃取针中，拔出萃取针，进行GC-MS进样。

2. GC-MS定性定量检测挥发物成分

本实验以Agilent 6890-5975B气质联用进行萃取茶叶香气挥发物定性定量检测，主要配置为：DB-5 MS柱（长30 m，内径0.25 mm，膜厚0.25 μm）；载气为99.999%高纯氦气（1 mL/min流速）；离子源温度230℃；全扫描模式；电子轰击能－70 eV。

（1）GC-MS配置。

进样方式：手动；

进样口温度：250℃；

分流模式：不分流；

升温程序：在40℃下保持2 min，以4℃/min速率升至120℃，以30℃/min速率升至260℃，在260℃下保持5 min；

m/z范围：30～350；

溶剂延迟：0 min。

（2）SPME进样：将萃取针插入进样口，仪器就绪后推下活塞，将纤维头在GC进样口解吸附5 min，然后收回活塞，拔下萃取针，进样完毕，进入GC-MS检测程序。

（3）挥发物定性：挥发物的定性主要依据其MS离子图。例如，图3-2-3A为一个茶叶样品的挥发物检测峰图，其中物质1的MS离子图为图3-2-3B，根据其MS离子图谱检索NIST谱库，得到谱库中与其匹配度最高的物质（图3-2-3C），据此可初步将物质1定性为芳樟醇（linalool）。随着NIST谱库不断完善，大量物质均可通过谱库检索进行定性，但由于茶叶香气组分中存在大量同分异构体，它们具有高度相似的MS离子图谱，在实际鉴定过程中仅靠谱库检索难以得到准确鉴定，故在实际应用过程中，还要结合物质的保留指数（retention index，RI）进行物质定性。

保留指数的鉴定：用1 mL正构烷烃混标按照与茶样香气成分检测相同的升温程序进行GC-MS分析，得到相应的保留时间。保留指数则按式（3.2.1）进行计算：

$$RI=100\times\left(\frac{\log_{10}X_i-\log_{10}C_n}{\log_{10}C_{n+1}-\log_{10}C_n}+n\right) \qquad (3.2.1)$$

式中，X_i——待鉴定物质X的保留时间（min）；

C_n——物质X峰左边相邻的正构烷烃的保留时间（min）；

n——该正构烷烃的碳原子数（个）；

C_{n+1}——物质X峰右侧相邻的正构烷烃的保留时间（min）。

以图3-2-3中物质1为例，其保留时间为17.119 min，相同条件下正构烷烃混标（C$_7$-C$_{40}$）峰图如图3-2-4所示，即C_n=12.423 min，C_{n+1}=17.133 min，n=10，则物质1的保留指数RI=1099.7。NIST谱库中物质1也就是芳樟醇在该配置下的保留指数为1099（图3-2-3C），计算获得的保留指数与此仅相差0.7个单位，属于正常偏差，表明谱库检索和保留指数鉴定均可以将物质1定性为芳樟醇。

（4）挥发物相对定量：在茶叶香气的检测过程中，除了对物质定性之外，往往还

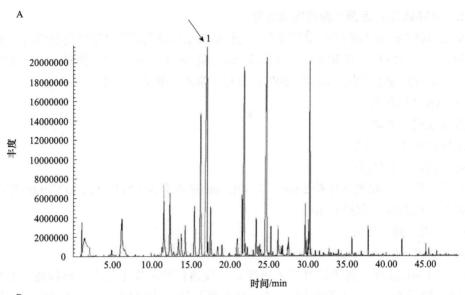

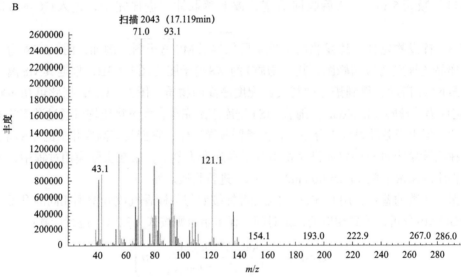

C

名称	Linalool
CAS编号	000078-70-6
条目号	29730
分子式	$C_{10}H_{18}O$
其他信息	SemiStdNP=1099/2/976 StdNP=1086/3/646 StdPolar=1547/7/791 : NIST MS# 352637,Seq# M42410
匹配度	95
公司ID	NIT 2017
用户索引	1082
熔点	
沸点	
分子量	154.14
保留指数	1099.7
保留时间	0.000

图3-2-3 茶样挥发物峰图及物质定性

A. 茶样挥发物GC峰图；B. 物质1的MS离子图；C. NIST谱库检索的物质1定性信息

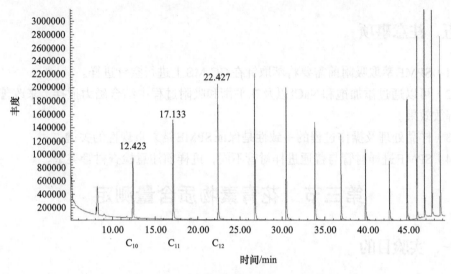

图3-2-4 正构烷烃混标（C_7-C_{40}）峰图

需要进行定量分析，以比较不同茶样的香气物质含量差异。由于茶叶中香气物质较多，许多物质尚缺乏相应的标准品，因此通常利用添加内标的方法进行相对定量。内标需要在香气收集之前添加，如本实验中内标在加入沸水之后、密封之前进行添加。茶叶香气成分检测常用的内标物质有癸酸乙酯、愈创木酚等，挥发物相对含量基本计算公式为

$$挥发物相对含量 = \frac{\dfrac{化合物峰面积}{内标峰面积} \times 内标质量}{检测的茶样重量} \qquad (3.2.2)$$

（5）挥发物绝对定量：对于具有标准品的香气物质，通过配制不同浓度的标准品，按照茶样检测的升温程序进行检测，然后绘制峰面积与浓度的标准曲线，再将茶样中检测到的该物质的峰面积带入标准曲线方程，计算挥发物的绝对含量。

（二）茶树鲜叶香气物质提取与定量分析

1. 顶空固相微萃取法提取茶叶香气挥发物

（1）使用冷冻干燥机将保存在−80℃下的茶树鲜叶冷冻干燥72 h，直至叶片完全干燥。

（2）称取0.2～0.5 g冻干后的叶片，研磨叶片至粉末，并转移至20 mL顶空瓶中。如使用相对定量方法，需在顶空瓶中再加5 μL内标，并立刻密封。

（3）将准备好的SPME萃取针插入顶空瓶中，推出纤维头（50 mm/30 mm DVB on CAR/PDMS）至距样品上方约1 cm处，在65℃水浴下吸附50 min。

（4）吸附完成后，将纤维头退回萃取针中，拔出萃取针，进行GC-MS进样。

2. GC-MS定性定量检测挥发物成分

参考本节（一）中2. GC-MS定性定量检测挥发物成分。

五、注意事项

（1）SPME萃取吸附前需要将萃取针在GC-MS上进行空针进样。

（2）可以通过添加饱和NaCl以及在平衡和吸附过程中结合磁力搅拌，来改善挥发物的释放效果。

（3）样品处理及操作过程的一致性是保证SPME结果重现性的关键。

（4）SPME进样衬管与普通进样衬管不同，进样前注意检查衬管类型。

第三节　花青素物质含量测定

一、实验目的

（1）了解并掌握提取茶树叶片中花青素的方法。

（2）掌握利用高效液相色谱（HPLC）法检测花青素的方法。

二、实验原理

花青素是由一定数量的儿茶素、表儿茶素缩合而成的聚合体，属于酚类化合物中的类黄酮，是一种广泛存在于自然界植物中的天然水溶性色素。常用花青素提取方法是溶剂萃取法，提取花青素所用溶剂根据色素性质、所用原料等有所不同，常用的有水、酸碱溶液和有机溶剂（甲醇、乙醇、丙酮、苯和烷烯烃等）。花青苷溶于水和醇溶液，在中性或碱性溶液中不稳定，故浸提液要采用酸性试剂。酸性溶液在破坏植物细胞膜的同时可溶解水溶性色素，提取花青素最常用的试剂是酸性甲醇（姜平平等，2003）。利用不同代谢物在不同种类有机溶剂中溶解度不同的原理，用氯仿和乙酸乙酯等溶剂去除叶绿素和儿茶素等化合物，最终保留纯净的花青素。

花青素的检测一般采用高效液相色谱法。检测时高压泵将贮液罐的流动相经进样器送入色谱柱中，然后从检测器的出口流出，这时整个系统就被流动相充满。当待分离样品从进样器进入时，流经进样器的流动相将其带入色谱柱中进行分离，分离后不同组分依先后顺序进入检测器，记录仪将进入检测器的信号记录下来，得到液相色谱图（Zhang et al., 2004）。

三、试剂与器材

（一）试剂

（1）纯度≥98%的花青素标准品：矢车菊素（CAS：528-58-5）、飞燕草素（CAS：528-53-0）、天竺葵素（CAS：134-04-3）。

（2）其他：乙腈（色谱纯）、浓盐酸、甲醇、氯仿、乙酸乙酯。

（二）器材

高效液相色谱仪（图3-1-1）、天平（精确到0.0001 g）、涡旋仪、恒温水浴锅、高速离心机、0.22 μm水相滤膜、冷冻干燥机、超声仪、10 mL容量瓶、离心管、进样瓶等。

四、实验步骤

（一）标准溶液的配制

称取0.01 g花青素标准品（精确到0.0001 g），用80%甲醇溶解后，移入10 mL容量瓶中稀释至刻度并混匀，溶液中每种物质的浓度均为1 mg/mL（有效期一年）。准确吸取标准溶液母液用80%甲醇进行稀释，得到浓度分别为0.5 mg/L、1 mg/L、5 mg/L、25 mg/L、50 mg/L、100 mg/L和500 mg/L的花青素混合标准溶液（有效期一年）。

（二）花青素提取

（1）称取0.05 g冷冻干燥机冻干后的茶鲜叶于2 mL离心管中，加入1 mL盐酸/甲醇（V/V，1∶99），超声浸提30 min（40 kHz，室温），5000 r/min离心5 min，取上清①。

（2）在第一步的沉淀中加入500 μL盐酸/甲醇，超声浸提20 min，5000 r/min离心5 min，取上清②。

（3）在第二步的沉淀中再次加入500 μL盐酸/甲醇，超声浸提10 min，5000 r/min离心5 min，取上清③。

（4）合并①②③上清液，得到多酚类物质粗体样a（约1.5 mL）。

（5）取a与纯水、氯仿按1∶1∶1混合，涡旋2 min，2500 r/min离心5 min，取上清b（约3 mL），下层氯仿（叶绿素）弃掉。

（6）取1.5 mL b与纯水、乙酸乙酯按1∶1∶1混合，涡旋2 min，2500 r/min离心5 min，取下层提取液c（约3 mL），上层乙酸乙酯（儿茶素）弃掉。

（7）取1 mL c经0.22 μm水相滤膜过滤后待测（花青苷）。

（8）取2 mL c加200 μL浓盐酸至带旋盖的大离心管，微盖，100℃沸水浴1 h，用冰块冷却终止反应，得到样品d。

（9）取1 mL d过0.22 μm水相滤膜后待测（花青素）。

（三）色谱条件

色谱柱：C18（粒径2.6 μm，长100 mm，内径4.6 mm）；
流动相：A相（水相）为0.5%甲酸/水（V/V，0.5∶99.5），B相（有机相）为纯乙腈；
流速：0.8 mL/min；
柱温：（35±0.5）℃；
进样量：10 μL；

表3-3-1　梯度洗脱条件

时间/min	A/%	B/%	备注
0	90	10	分析
4	80	20	分析
6.5	80	20	分析
12	60	40	分析
13	60	40	分析
15	10	90	洗柱
20	90	10	平衡

检测波长：520 nm；

梯度洗脱条件：如表3-3-1所示。

（四）测定

（1）如果柱子第一次使用，上样前应用30 mL 5%甲醇（甲醇与水按1.5∶28.5比例混合）以0.4 mL/min的流速活化柱子1 h。

（2）先以梯度洗脱起始比例运行，待流速和柱温稳定后，进行空白运行。准确吸取已配制的0.5 mg/L、1 mg/L、5 mg/L、25 mg/L、50 mg/L、100 mg/L和500 mg/L花青素混合标准溶液各1 mL，经0.22 μm水相滤膜过滤到进样瓶中，以花青素含量为横坐标，峰面积为纵坐标，绘制标准曲线。

（3）取10 μL混合标准液进样。在相同色谱条件下进样10 μL测试液，以峰面积定量，将色谱峰面积值代入标准曲线算得测试液浓度。测试液中花青素的响应值应在仪器测定的线性范围内。

五、实验结果与分析

（一）绘制标准曲线

下列图和表分别为花青素标准品（矢车菊素、飞燕草素和天竺葵素）的出峰时间（图3-3-1）和不同浓度花青素标准品的峰面积（表3-3-2）。

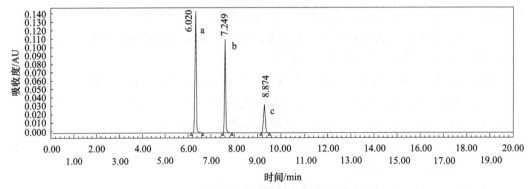

图3-3-1　花青素标准品峰图

a. 矢车菊素；b. 飞燕草素；c. 天竺葵素

表3-3-2　不同浓度花青素标准品的峰面积

标准品浓度/（mg/L）		1	5	25	50	100	500
峰面积	矢车菊素	44471	209624	1172799	2454603	4634500	24060553
	飞燕草素	23605	155268	837212	1761259	3678573	21493120
	天竺葵素	8803	46442	259686	453329	1083116	5549418

根据花青素标品的浓度和峰面积绘制标准曲线（图3-3-2）。

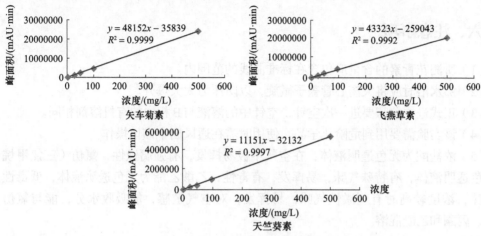

图3-3-2　花青素标准品标准曲线

（二）样品中花青素含量

使用软件Qualitative Analysis B.07.00打开结果数据，依据标准品的保留时间及标准曲线，计算出提取液中花青素的浓度C，并按式（3.3.1）计算叶片中花青素含量。

$$X = \frac{C \times V}{m \times 1000} \tag{3.3.1}$$

式中，X——样品中花青素的含量（mg/g）；

V——提取液的定容体积（mL）；

C——提取液中花青素的浓度（mg/L）；

m——样品质量（g）。

图3-3-3是在'紫娟'茶树品种叶片中提取到的花青素在HPLC中显示出的色谱图（以第一叶为例）。根据标准品的出峰时间可以得知，三个标准峰分别为矢车菊素、飞燕草素和天竺葵素，峰面积分别为5315182 mAU·min、2358384 mAU·min和177325 mAU·min。代入标准曲线进行计算，可以算出三类花青素的样品浓度分别为111.12 mg/L、60.42 mg/L和18.78 mg/L；再将称取的样品质量m（0.0392 g）和提取液定容体积V（2 mL）代入上述公式，最终得到的'紫娟'茶树品种第一叶中矢车菊素、飞燕草素和

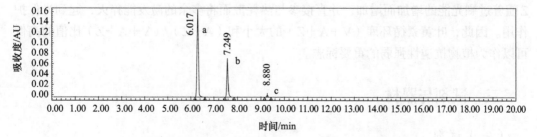

图3-3-3　'紫娟'茶树品种第一叶中的花青素峰图

a. 矢车菊素；b. 飞燕草素；c. 天竺葵素

天竺葵素的含量分别为5.67 mg/g、3.08 mg/g和0.96 mg/g。

六、注意事项

（1）所测花青素的含量应包含在标准曲线的范围内。
（2）沸水浴时应将大离心管盖子微旋，以防压力太大爆开。
（3）正式进样前需要进一次空针，空针中的溶液与B相中的有机溶剂相同。
（4）该实验需要用到危险化学品，使用时需在通风橱中谨慎操作。
（5）浓盐酸为无色透明液体，在空气中极易挥发，有强腐蚀性；氯仿（三氯甲烷）为无色透明液体，有特殊气味，易挥发，有毒性；乙酸乙酯为无色透明液体，低毒性，有甜味，浓度较高时有刺激性气味，易挥发，对空气敏感，能吸收水分，能与氯仿、乙醇、丙酮和乙醚混溶。

第四节　叶黄素循环组分测定

一、实验目的

（1）学习丙酮法提取叶黄素循环组分的方法。
（2）学习利用液相色谱法测定茶叶中叶黄素循环组分含量。

二、实验原理

光能是植物进行光合作用的能量基础，但过多的光能会诱导产生有害物质，致使光合反应中心的破坏，特别是在环境胁迫下，植物光合能力降低，积累的过剩光能更易导致光破坏。而依赖于植物体内的叶黄素循环可耗散过剩激发能，是光合器官在自然条件下免遭光破坏的重要途径之一。叶黄素循环组分由紫黄素（violaxanthin，V）、环氧玉米黄素（antheraxanthin，A）和玉米黄素（zeaxanthin，Z）构成。当光合器官吸收的光能不能全部被光合作用利用时，V在紫黄素脱环氧化酶催化下，经中间体A脱环氧生成Z；在没有过剩光能条件下，Z在环氧化酶催化下经中间体A加环氧生成V；且Z随着过剩光能的增加而增加，并直接参与热耗散而将多余的激发能猝灭，起到光保护作用。因此，叶黄素循环库（V＋A＋Z）的大小和（A＋Z）/（V＋A＋Z）比值的高低可以作为植物抗逆性强弱的重要标志。

三、试剂与器材

（一）试剂

（1）V、Z和A三种色素标准品：紫黄素（CAS：126-29-4）、环氧玉米黄素（CAS：

640-03-9）、玉米黄素（CAS：144-68-3）。

（2）其他：甲醇（色谱纯）、乙腈（色谱纯）、乙酸乙酯（色谱纯）、无水乙醇（分析纯）、丙酮（分析纯）、石英砂、$CaCO_3$、超纯水、液氮。

（二）器材

高效液相色谱仪Water2478（包括600检测器、Millenium^{32}工作站）、0.22 μm微孔滤膜、0.45 μm有机相滤膜、内径为1 cm的打孔器、研钵、研杵、离心机、10 mL离心管等。

四、实验步骤

（一）制作标准曲线

取1 mL标准品，用无水乙醇（经0.22 μm滤膜过滤）分别按照1.5倍、3倍、6倍和9倍稀释，再取原标准品和稀释后的标准品进样，进样净体积为10 μL。以它们的峰面积（Y）和物质的量浓度（X）进行线性回归分析，得到标准曲线。

（二）样品处理

（1）取下数片生长一致的功能叶片，立即放入液氮中冷冻备用。

（2）色素提取：用内径为1 cm打孔器取18个叶圆片放入研钵中，加入少量石英砂，然后倒入液氮迅速研磨至粉末状，加入4 mL 85%丙酮和少许$CaCO_3$，匀浆2～3 min，再加入1 mL 100%丙酮，匀浆1 min，吸取匀浆至10 mL离心管中，以5000 r/min离心2 min。吸取上清后，用0.45 μm有机相滤膜过滤后，进行高效液相色谱分析，进样总体积为10 μL。色素提取全过程在暗处进行操作（韦朝领等，2014）。

（三）色谱条件

色谱柱：Spherisorb C18（粒径5 μm，250 mm×4.6 mm）；

流速：1.0 mL/min；

柱温：（35±0.5）℃；

进样量：10 μL；

检测波长：445 nm；

梯度洗脱条件：如表3-4-1所示。

表3-4-1　梯度洗脱条件

时间/min	A/%	B/%	备注
0	100	0	分析
14.5	100	0	分析
17	0	100	洗柱
35	0	100	平衡

注：A. 乙腈：甲醇（85：15，V/V）；B. 甲醇：乙酸乙酯（68：32，V/V）

（四）测定

待流速和柱温稳定后进行空白运行。准确吸取10 μL混合标准溶液注射入进样瓶，在相同色谱条件下注射10 μL测试液，测试液以峰面积定量。将色谱峰面积值代入标准曲线算得测试液浓度。测试液中各成分的响应值均应在仪器测定的线性范围内

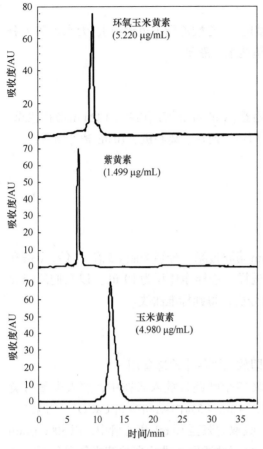

图 3-4-1　叶黄素循环组分标准品色谱图

（图 3-4-1）。

五、实验结果与分析

V、A 和 Z 的线性回归方程见表 3-4-2。将样品色谱图峰面积代入回归方程，即可得出样品浓度。

表 3-4-2　V、A 和 Z 线性回归方程

各组分	线性回归方程	相关系数
紫黄素（V）	$y = 1 \times 10^6 x + 9214$	0.9962
环氧玉米黄素（A）	$y = 1 \times 10^6 x + 26521$	0.9984
玉米黄素（Z）	$y = 1 \times 10^6 x + 798.9$	0.9974

注：y.峰面积（mAU·min）；x.浓度（μmol/L）

六、注意事项

（1）所测样品含量不应超出标准曲线的范围。

（2）色素提取过程在暗处进行。

（3）甲醇又称"木醇"或"木精"，为无色液体、有酒精气味、易挥发；乙腈又名甲基氰，为无色液体、极易挥发，有类似于醚的特殊气味，有优良的溶剂性能，能溶解多种有机、无机和气体物质，有一定毒性，与水和醇无限互溶；丙酮又名二甲基酮，为最简单的饱和酮，无色透明液体，有特殊的辛辣气味，易溶于水和甲醇、乙醇、乙醚、氯仿、吡啶等有机溶剂，易燃、易挥发；碳酸钙是一种无机化合物，俗称石灰石、石粉、大理石等，呈中性，难溶于水，易溶于盐酸。

第五节　总多糖含量的测定

一、实验目的

（1）学习提取茶叶中茶多糖的方法。

（2）学习通过构建标准曲线，对提取的茶叶多糖进行定量分析。

二、实验原理

茶多糖是一种酸性糖蛋白，并结合有大量的矿质元素，称为茶叶多糖复合物，简称为茶叶多糖或茶多糖。其中蛋白质部分主要由约20种常见的氨基酸组成；糖的部分主要由阿拉伯糖、木糖、岩藻糖、葡萄糖和半乳糖等组成；矿质元素主要由钙、镁、铁、锰等及少量的微量元素，如稀土元素等组成。茶多糖具有降血糖、降血脂、提高机体免疫力、抗凝血、抗血栓、耐缺氧、抗紫外线和抗X线辐射等药理作用，是一种极具应用和开发前景的天然产物。

多糖在浓硫酸作用下，水解生成单糖，并迅速脱水生成糖醛衍生物，然后与苯酚缩合成橙黄色化合物，且颜色稳定，在一定的浓度范围内，在波长490 nm处其吸光度与多糖含量呈线性关系，从而可以利用分光光度计测定其吸光度，并利用标准曲线定量测定样品的多糖含量。

三、试剂与器材

（一）试剂

浓硫酸、苯酚、乙醇、葡萄糖标准品、蒸馏水。

（二）器材

电子天平（精确度为0.0001 g）、分光光度计、50 mL容量瓶、试管、离心机、吸滤装置、恒温水浴锅等。

四、实验步骤

（一）制作标准曲线

称取0.005 g于105℃干燥至恒重的葡萄糖标准品（精确至0.0001 g），置于50 mL容量瓶中，加蒸馏水溶解并稀释至刻度线，配成100 μg/mL标准溶液。取8支干净试管，分别加入0 mL、0.1 mL、0.2 mL、0.3 mL、0.4 mL、0.5 mL、0.6 mL和0.7 mL的葡萄糖标准溶液（100 μg/mL），补加蒸馏水至1 mL，然后向各管中加入25 μL 80%苯酚溶液，混匀后快速加入2.5 mL浓硫酸，摇匀反应10 min后，置于30℃水浴锅中水浴20～30 min，于490 nm处测定吸光值，绘制标准曲线。

（二）样品测定

称取1 g磨碎样（精确至0.0001 g）于50 mL锥形瓶中，加40 mL 80%乙醇，95℃水浴回流1 h，趁热抽滤，滤渣用10 mL 80%热乙醇洗涤2次。挥发溶剂后，滤渣连同滤纸置于烧瓶中，加100 mL蒸馏水，100℃水浴浸提1 h，趁热过滤，滤渣用10 mL热蒸馏水洗涤2次，合并滤液，4000 r/min离心10 min，上清液置于100 mL容量瓶中，用蒸馏水定容至刻度线，摇匀备用。取干燥的具塞试管4支，在1～3号试管中加入1 mL制备的茶汤，在4号试管中加1 mL蒸馏水，然后向各试管中加入25 μL 80%苯酚溶液，混匀后快速加入2.5 mL浓硫酸，摇匀反应10 min后，置于30℃水浴锅中水浴20～30 min，于 490 nm 处测定吸光值，根据回归方程计算供试液中葡萄糖浓度（C）。

五、实验结果与分析

（1）记录实验条件及测量数据。

（2）根据式（3.5.1）求得茶叶中茶多糖含量。

$$茶多糖含量 = \frac{C \times L_1}{1000 \times m \times \omega} \times 100\% \qquad (3.5.1)$$

式中，C——从回归方程中计算出的葡萄糖浓度（μg/mL）；

L_1——试液总体积（mL）；

m——试样量（mg）；

ω——试样干物质含量（%）。

六、注意事项

（1）所测样品茶多糖含量不应超出标准曲线的范围。

（2）苯酚为无色针状晶体，有特殊气味、有毒、有腐蚀性，应注意不要沾到皮肤；浓硫酸俗称坏水，是一种具有高腐蚀性的强矿物酸，具有脱水性、强氧化性、强腐蚀性、难挥发性、吸水性等特性。

第六节　可溶性蛋白质提取及含量测定

一、实验目的

（1）掌握茶树可溶性蛋白质的提取方法。

（2）掌握考马斯亮蓝染色法测定蛋白质含量的原理和方法。

二、实验原理

通过提取可溶性蛋白质，可检测茶树中某些基因的蛋白质表达水平。在室温条件下，可溶性蛋白质易降解和失去活性，为了获取较高活性的蛋白质，在提取可溶性蛋白质的过程中需保持一个低温环境。大部分蛋白质溶于稀盐、稀酸、稀碱溶液，利用低浓度酸（碱）调节含有植物叶蛋白质的溶液，使 pH 处在蛋白质等电点下，此时蛋白质分子表面的净电荷为零，溶解度也随之降到最小，蛋白质以两性离子的形式存在，然后彼此之间发生碰撞、凝聚产生沉淀，以达到蛋白质快速、高效凝集沉降的目的。在充分破碎细胞后，染料主要是与蛋白质中的碱性氨基酸（特别是精氨酸）和芳香族氨基酸残基相结合。而蛋白质分子具有—NH_3 基团，当棕红色的考马斯亮蓝（coomassie brilliant blue）显色剂加入蛋白质标准液或样品中时，在酸性溶液中考马斯亮蓝染料上的阴离子与蛋白质—NH_3基团结合，使染料的最大吸收峰位置由465 nm变为595 nm，使溶液由棕黑色变为蓝色，通过测定595 nm处吸光度可观测出颜色的深浅，从而计算出蛋白质含量。考马斯亮蓝法利用蛋白质-染料结合的原理，可快速、灵敏地测定微量蛋白质浓度，提取的可溶性蛋白质可用于后续的分子实验如GUS酶活测定和Western blot等。

本实验主要分为三步：制样、配制显色液、测定（图3-6-1）。

三、试剂与器材

（一）试剂

液　氮、Tris-HCl、$MgCl_2$、EDTA-Na_2、DTT、蔗糖和考马斯亮蓝试剂盒。

（二）器材

研钵、研杵、1.5 mL离心管、分光光度计、高速冷冻离心机等。

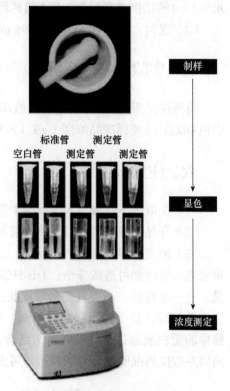

图3-6-1　可溶性蛋白质提取及含量测定流程图

四、实验步骤

（一）可溶性蛋白质的提取

（1）在液氮中研磨0.5 g茶叶样品至粉末状，转移至4℃预冷的研钵中。

（2）加入适量的提取液（400～600 μL）（表3-6-1），研磨至匀浆状。

（3）4℃条件下，12 000 r/min离心10 min；吸取上清液转移至新的1.5 mL离心管中。

（二）蛋白质含量的测定

（1）如表3-6-2所示，进行考马斯亮蓝显色液的配制。按考马斯亮蓝贮备液∶双蒸

表3-6-1　提取液配方

提取液	体系
Tris-HCl	50 mmol/L
$MgCl_2$	1 mmol/L
EDTA-Na_2	10 mmol/L
DTT	5 mmol/L
蔗糖	0.5 mmol/L

表3-6-2　考马斯亮蓝显色液的配制

试剂	空白管	标准管	测定管
双蒸水（mL）	0.05	—	—
蛋白质标准品（mL）	—	0.05	—
上清样品（mL）	—	—	0.05
考马斯亮蓝显色液（mL）	3.0	3.0	3.0

水＝1∶4的比例进行配制（即5倍稀释），现用现配。

（2）混匀，静置10 min，于595 nm处，1 cm光径，双蒸水调零，测定各管OD值。

五、实验结果与分析

待测样品蛋白质浓度（g蛋白质/L）＝［（测定OD值－空白OD值）／（标准OD值－空白OD值）］×标准品浓度（g/L）×样本测试前稀释倍数

六、注意事项

（1）提取液不宜加得太多，应少量多次加入。

（2）样品转移至研钵时不能有液氮残留。

（3）液氮为液态的氮气，无色、无臭、无腐蚀性、不可燃、温度极低，气化时大量吸热，故接触可造成冻伤；Tris-HCl别名三羟甲基氨基甲烷盐酸盐，为水溶性白色结晶，有一定毒性，不要直接接触皮肤；EDTA-Na$_2$为白色结晶粉末，刺激眼睛；DTT即二硫苏糖醇，是一种很强的还原剂，易被空气氧化，稳定性较差；考马斯亮蓝可与皮肤中的蛋白质通过范德瓦耳斯力结合，反应快速且稳定，无法用普通试剂洗掉，待一两周左右皮屑细胞自然衰老脱落即可无碍，避免皮肤接触到考马斯亮蓝。

第七节　糖苷酶活性测定

一、实验目的

（1）了解糖基转移酶供体底物、受体底物及产物之间的关系。

（2）了解并掌握糖基转移酶活性的测定体系和产物检测方法。

二、实验原理

植物糖基转移酶（glycosyl transferase，GT）能够催化糖基供体与受体分子间形成糖苷键，从而将活化供体糖分子或相关基团转移到特异的受体上。糖基受体包括大多数植物次生代谢产物，如类黄酮化合物、植物激素、植物毒素等。糖基转移酶通过糖基化将活化的糖分子转移到不同的亲核受体，如受体分子的氧原子（—OH、—COOH）、氮原子（—NH$_2$）、硫原子（—SH）及碳原子（C—C），进而改变受体分子在植物体内的稳定性、水溶性或其他生物活性。

糖基转移酶活性的测定是通过色谱/质谱检测产物的方法实现的。色谱是一种分离和检测技术，能够把液体混合物中的不同组分根据在色谱柱中保留时间的不同进行分离、检测及收集。色谱分离是一个物理过程，利用混合物中各组分在不同的两相中溶解、分配、吸附等作用性能的差异，当两相作相对运动时，使各组分在两相中反复多次受到上述各作用力而达到相互分离。质谱法是利用多种离子化技术，将物质分子转化为离子，按其质荷比 m/z（m 为质量，z 为电荷数）的差异分离测定，从而进行物质成分和结构分析的方法。通过色谱的方法检测反应液中是否有产物峰，再通过质谱鉴定产物峰的成分和结构，从而实现对糖基转移酶活性的检测。

三、试剂与器材

（一）试剂

Tris-HCl、丙三醇、巯基乙醇、糖基供体、代谢物受体底物标准品（纯度≥98%）、乙腈（色谱纯）、甲醇、浓盐酸、乙酸。

（二）器材

高效液相色谱仪（包含梯度洗脱、紫外检测器及色谱工作站）、恒温水浴锅、高速离心机、0.22 μm 水相滤膜、1 mL 注射器、1.5 mL 离心管、棕色进样瓶等。

四、实验步骤

（1）糖基转移酶基因的原核表达和蛋白质的纯化（参考第四章第九节相关内容）。

（2）配制 Tris-HCl 缓冲液（50 mmol/L，pH 7.5），缓冲液的试剂及浓度见表3-7-1。

（3）取 1.5 mL 离心管，加入 Tris-HCl 缓冲液、糖基供体、受体底物以及纯化的糖基转移酶蛋白，构成 25 μL 反应体系（表3-7-2）；同时，分别设立缺少糖基供体、缺少受体底物以及空载（无催化活性蛋白质）作为空白和阴性对照。

表3-7-1　Tris-HCl缓冲液体系

试剂	浓度
Tris-HCl	50 mmol/L
丙三醇	10%（V/V）
巯基乙醇	10 mmol/L

表3-7-2　糖基转移酶酶活反应体系

成分（浓度）	含量/μL
Tris-HCl缓冲液（50 mmol/L）	18.5
糖基供体（10 mmol/L）	0.5
受体底物（10 mmol/L）	1
纯化蛋白（0.4~0.8 mg/mL）	5

（4）各成分按该体系混合完毕后置于30℃水浴锅中，反应30 min，待反应结束后，用等体积的100%甲醇终止反应（底物为花青素氯化物的反应用等体积的5%盐酸终止反应），12 000 r/min 离心5 min，用注射器吸取上清液过 0.22 μm 滤膜，转移至棕色进样瓶。

（5）利用高效液相色谱仪对酶活反应产物进行定性分析（高效液相色谱的使用方法参考第三章第一节相关内容），洗脱梯度及流动相根据要测的代谢物而变化，以下是催化类黄酮物质的洗脱梯度（表3-7-3）。

（6）利用 HPLC-MS/MS 对酶活反应产物进行鉴定。

（7）色谱条件。

表3-7-3 梯度洗脱条件

时间/min	A/%	B/%	备注
0	90	10	分析
5	75	25	分析
10	50	50	分析
17	20	80	分析
20	70	30	洗柱
21	90	10	平衡

注：A. 1%乙酸；B. 100%乙腈

柱温：（35±0.5）℃；

进样量：10 μL；

检测波长：200～600 nm。

色谱柱：C18（粒径5 μm，长250 mm，内径4.6 mm）；

电喷射离子：负离子模式，扫描范围（m/z）为100～2000；

氮气干燥流速：6.0 mL/min；

去溶剂温度：350℃；

喷雾器压力：45 psi（1 psi＝6894.8Pa）；

毛细管电压：3500 V；

流速：0.3 mL/min；

五、实验结果与分析

底物和相应产物用高效液相色谱和MS/MS检测，结果如图3-7-1所示（以黄酮类代谢物为例）：

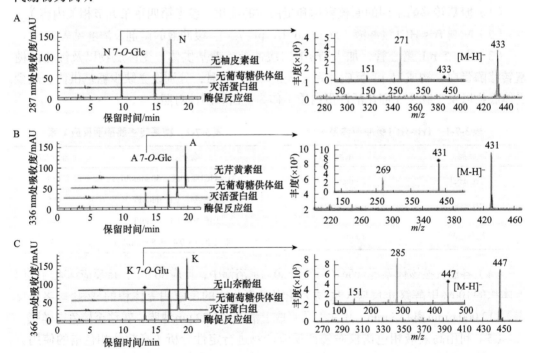

图3-7-1 HPLC-MS/MS分析糖基转移酶蛋白催化类黄酮代谢物的产物（Dai et al., 2017）

A. 柚皮素（N）被催化生成柚皮素7-O-葡萄糖苷（N 7-O-Glc）；B. 芹黄素（A）被催化生成芹黄素7-O-葡萄糖苷（7-O-Glc）；C. 山柰酚（K）被催化生成山柰酚7-O-葡萄糖苷（K 7-O-Glu）；D. 染料木黄酮（G）被催化生成染料木黄酮7-O-葡萄糖苷（G 7-O-Glc）；E. 山柰酚3-O-葡萄糖苷（K3Glc）被催化生成山柰酚3-O,7-O-二葡萄糖苷（K 3,7-di-O-Glc）；F. 槲皮素3-O-葡萄糖苷（Q3Glc）被催化生成槲皮素3-O,7-O-二葡萄糖苷（Q 3,7-di-O-Glc）

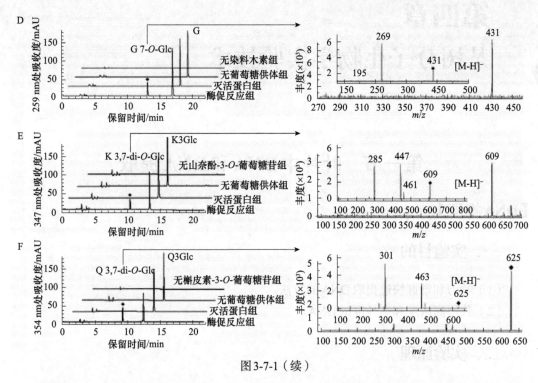

图 3-7-1（续）

如图 3-7-1 所示，为高效液相色谱法色谱图（左）和 MS/MS（右）对 CsUGT75L12 体外酶反应的分析。UDP-glucose（UDPG）和类黄酮分别为糖基供体和受体，仅在糖基转移酶催化的体系内能同时检测到底物和产物。

基于去质子化的离子［M-H］⁻检测单葡萄糖苷和二葡萄糖苷，检测标准如下：*m/z* 431（芹黄素或染料木黄酮葡萄糖苷）、*m/z* 433（柚皮素葡萄糖苷）、*m/z* 447（山奈酚葡萄糖苷）、*m/z* 461（山奈素葡萄糖苷）、*m/z* 463（槲皮素葡萄糖苷）、*m/z* 479（杨梅酮葡萄糖苷）、*m/z* 609（山奈酚 3-*O*-二-半乳糖苷/葡萄糖苷）和 *m/z* 625（槲皮素 3-*O*-二-半乳糖苷/葡萄糖苷）。黄酮醇的主要离子碎片特征为 *m/z* 269（芹黄素或染料木黄酮）、*m/z* 271（柚皮素）、*m/z* 285（山奈酚）、*m/z* 301（槲皮素）*m/z* 317（杨梅酮）、*m/z* 271（柚皮素）和 *m/z* 269（芹黄素或染料木黄酮）（Dai et al., 2017）。

六、注意事项

（1）糖基转移酶家族是一个超家族，可以催化植物体内大部分的代谢物，包括挥发性的代谢物，要根据代谢物的特性进行检测。

（2）液相色谱正式进样前需要进一针空针，空针中的溶液与 B 相中的有机溶剂相同。

（3）丙三醇俗称甘油，为无色、味甜、澄明、黏稠液体，能从空气中吸收潮气，也能吸收硫化氢、氰化氢和二氧化硫，难溶于苯、氯仿、四氯化碳、二硫化碳、石油醚和油类；巯基乙醇为挥发性液体，易溶于水、苯和醇，为具有特殊臭味的无色透明液体，应避免吸入。

第四章
茶树分子生物学实验技术

第一节　叶片中DNA和RNA提取

【DNA提取】

一、实验目的

（1）学习和掌握快速提取DNA的方法。
（2）获得高浓度和高纯度的DNA。

二、实验原理

DNA是遗传信息的载体和基本遗传物质，在遗传变异、代谢调控等方面起着重要作用。无论是研究植物DNA的结构和功能，还是开展外源DNA的转化和转导研究，首先要做的就是从植物组织中提取高浓度和纯度的DNA。

植物组织样本在液氮下会变脆，易于研磨，同时低温会抑制DNAase活性。CTAB（十六烷基三甲基溴化铵）是一种阳离子去污剂，可溶解细胞膜，与核酸形成复合物，使核酸沉淀出来。沉淀出的DNA是与蛋白质结合的，同时含有大量RNA，即核糖核蛋白。利用DNA不溶于高盐溶液，而RNA易溶于高盐溶液这一特性，可分离破碎细胞中的DNA核蛋白和RNA核蛋白，再利用含异戊酸的氯仿振荡核蛋白溶液，使其乳化，然后通过离心除去变性蛋白质。此时蛋白质停留在水相和氯仿之间，而DNA则溶于上层水相。最后，95%乙醇溶液可将DNA钠盐沉淀出来，利用CTAB溶于水的特性去除CTAB（唐玉海等，2007）。此外，植物的次生代谢产物对核酸提取有干扰作用，如多酚类物质。茶树中富含大量的多酚类物质，因此茶树DNA的提取需要在样品研磨时加入PVPP（交联聚乙烯吡咯烷酮），PVPP可与含有苯基和羧基的芳烃化合物形成络合物，吸附茶树叶片中的多酚类物质，从而避免其对DNA提取的干扰作用。β-巯基乙醇为一种还原剂，主要作用是变性核糖核酸酶，以减少二硫键和不可逆转的变性蛋白质。

三、试剂与器材

（一）试剂

CTAB裂解液、β-巯基乙醇、PVPP、琼脂糖、SYBR核酸上样缓冲液、氯仿、异戊醇、无水乙醇、DNA提取试剂盒。

（二）器材

高速离心机、1.5 mL离心管、研钵、移液枪及枪头、水浴锅、核酸浓度测定仪等。

四、实验步骤

（1）在1.5 mL离心管中加500 μL CTAB和6 μL β-巯基乙醇，配成DNA提取裂解液。

（2）在研钵中加入少量PVPP（50 mg）和适量样品（约30 mg），倒入液氮，研磨，直至样品粉末颜色呈白色。研磨期间多次加入液氮，防止样品温度过高。用药匙将样品转移至含有DNA裂解液的1.5 mL离心管中并摇匀。

（3）将样品提取液置于65℃水浴锅中水浴15 min，每5 min上下颠倒摇匀一次。

（4）向裂解后的样品提取液中加入600 μL氯仿/异戊醇（体积比为24∶1），混匀后，以12 000 r/min离心10 min。

（5）将300 μL离心后的上清液移至一个新的1.5 mL离心管中，向其中加150 μL CP2和300 μL无水乙醇，混匀后转移至2 mL制备管中，以10 000 r/min离心1 min，弃上清液。

（6）将制备管转移至一个新的2 mL离心管中，加入650 μL DNA wash buffer（确认已用乙醇稀释），以10 000 r/min离心1 min。

（7）重复第6步。

（8）将制备管置于超净工作台中，开5档风吹干残留的乙醇，将吹干后的制备管转移至一个新的1.5 mL离心管中。

（9）向制备管中加入100 μL洗脱液（65℃预热），静置孵育2 min，以10 000 r/min离心1 min后将制备管中的DNA洗脱下来。

（10）将第8步所得DNA溶液移至制备管，以10 000 r/min离心1 min，将制备管中的DNA完全洗脱下来。用核酸浓度测定仪检测DNA浓度、$A_{260/280}$和$A_{260/230}$数值。

（11）配制质量分数为0.8%的琼脂糖凝胶，待凝胶凝固后，将2 μL DNA样品混合2 μL SYBR核酸上样缓冲液加入凝胶孔中，120 V电压跑15～20 min。电泳结束后，观察DNA条带是否存在弥散、降解。

五、实验结果与分析

图4-1-1为提取的茶树叶片总DNA琼脂糖凝胶电泳图，DNA条带无弥散、降解，浓度为50 μg/mL，$A_{260/280}$数值为1.8，$A_{260/230}$数值为1.9。

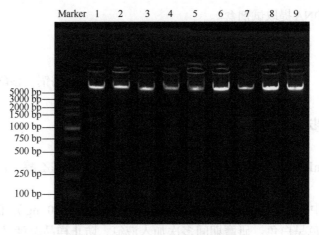

图4-1-1　总DNA琼脂糖凝胶电泳图

六、注意事项

（1）提取的样品材料应适量，过多会影响CTAB对样品的裂解效果，导致DNA浓度和纯度低。

（2）CTAB有毒，具有刺激性，若不慎接触眼睛，应立即使用大量清水冲洗。

（3）β-巯基乙醇具有强烈的刺激性气味，与皮肤接触有毒，刺激眼睛、呼吸系统和皮肤。

【RNA提取】

一、实验目的

（1）学习并掌握快速提取RNA的方法。

（2）获得高浓度和高纯度的RNA。

二、实验原理

RNA是植物分子生物学和遗传学研究的重要对象之一。常用的总RNA提取方法有强变性剂法（异硫氢酸胍法或盐酸胍法）、苯酚法、阴离子去污剂法、LiCl-尿素法和CTAB法等。本实验使用植物总RNA提取试剂盒，若将试剂盒中的异硫氢酸胍裂解液替换成CTAB，可提高提取的总RNA质量。CTAB可以迅速破坏细胞结构，使存在于细胞质及核内的RNA释放出来，通过解离核蛋白与核酸的复合体，使核糖体蛋白与RNA分子分离，保证RNA的完整性。

茶树作为木本植物除了含有蛋白质、多糖等初级代谢物外，还含有大量的多酚化合物、纤维等物质，这些物质增加了茶树组织RNA提取的难度。茶树酚类化合物在细胞破碎时被释放出来，极易被氧化，这些氧化物可与核酸不可逆地结合，导致RNA失活。CTAB对组织褐化有较好的抑制效果，同时可沉淀样品中的多糖，避免因多糖和RNA黏连导致的电泳条带不清晰现象。

三、试剂与器材

（一）试剂

CTAB裂解液、β-巯基乙醇、PVPP、无水乙醇、RNA提取试剂盒、DNase I溶液。

（二）器材

高速离心机、RNase free离心管、RNase free研钵、RNase free药匙、核酸浓度测定仪、移液枪及RNase free枪头、水浴锅等。

四、实验步骤

（1）2 mL离心管中加入900 μL CTAB和75 μL β-巯基乙醇，配成RNA提取裂解液，全程在通风橱中操作。

（2）在研钵中加入少量PVPP（50 mg）和适量样品（约100 mg），倒入液氮研磨，直至样品粉末颜色呈白色。研磨期间多次加入液氮，防止样品温度过高。用RNase free药匙将样品转移至含有RNA裂解液的1.5 mL离心管中并摇匀。

（3）将样品提取液置于65℃水浴锅中水浴15 min，每5 min上下颠倒摇匀一次。

（4）设置离心机温度为4℃，以12 000 r/min将提取液离心4 min，将上清液转移至2 mL黄色吸附柱中；再次以12 000 r/min离心4 min，将上清液转入新的1.5 mL离心管中，加入300 μL预冷的无水乙醇，轻颠混匀后，将溶液全部转移至2 mL CR3柱中。

（5）以12 000 r/min离心1 min后，弃废液，加入350 μL RW1溶液去除样品中的蛋白质，再次以12 000 r/min离心1 min，弃废液。

（6）向CR3柱中悬空加入80 μL工作液（10 μL DNase I溶液和70 μL RDD稀释液），置于37℃水浴锅中静置孵育15 min，去除样品中的DNA。

（7）孵育结束后，向CR3柱中加入350 μL RW1溶液，以12 000 r/min离心1 min，弃废液。

（8）向CR3柱中加入500 μL RW溶液（确认已用乙醇稀释），静置2 min后，以12 000 r/min离心1 min，弃废液。

（9）重复第8步。

（10）将CR3柱空柱以13 000 r/min离心2min，弃废液，将CR3柱置于超净工作台中，开5档风吹干残留的乙醇，吹干后的CR3柱转移至新的1.5 mL RNase free离心管中。

（11）向CR3柱中加入35 μL RNase free水，室温孵育静置3 min，以12 000 r/min离

心2 min，将CR3柱上的RNA洗脱下来。

（12）将第11步所获RNA溶液转移至CR3柱中，以13 000 r/min离心1 min，将CR3柱上的RNA完全洗脱下来。用核酸浓度测定仪检测RNA浓度、$A_{260/280}$和$A_{260/230}$数值。

（13）配制质量分数为1.2%的琼脂糖凝胶，待凝胶凝固后，将2 μL RNA样品混合2 μL SYBR核酸上样缓冲液加入凝胶孔中，120 V电压跑15～20 min。电泳结束后，观察DNA条带是否存在弥散、降解。

五、实验结果与分析

用Nanodrop 2000 Spectrophotometer核酸浓度测定仪检测RNA浓度和纯度，$A_{260/280}$在1.8～2.2范围内为合格样品。利用1.2%的琼脂糖凝胶电泳对RNA样品完整性进行检验，合格的RNA的28S和18S条带均清晰可见，且28S亮度应为18S亮度的约2倍（图4-1-2）。

下述原因可能导致检测结果不佳：①RNA浓度过高或者上样过多且不均匀（图4-1-3）；②电泳槽、垫板、梳子交叉污染造成RNA降解（图4-1-4）；③电泳时间过长。因此，RNA样品上样量由5 μL改为3 μL。每次电泳前，电泳槽、垫板、梳子须用3%的H_2O_2溶液浸泡10 min，再用RNase-ZAP喷洗即可（王海玮等，2009）。

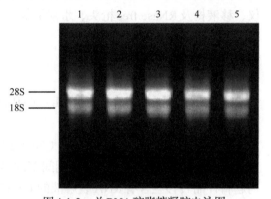

图4-1-2　总RNA琼脂糖凝胶电泳图

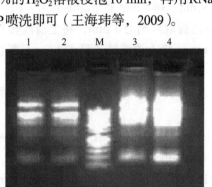

图4-1-3　过量的总RNA琼脂糖凝胶电泳图
（王海玮等，2009）

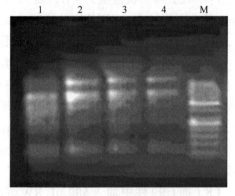

图4-1-4　弥散的总RNA琼脂糖凝胶电泳图
（王海玮等，2009）

六、注意事项

（1）提取RNA时应佩戴口罩，并经常更换手套，防止口中和皮肤上的RNase降解样品中的RNA。

（2）研钵要提前180℃烘烤，去除RNase。

（3）实验中应使用RNase free移液枪头和离心管。

第二节　荧光定量PCR（qRT-PCR）检测基因表达量水平

一、实验目的

（1）学习和掌握qRT-PCR的原理和操作方法。

（2）基于qRT-PCR结果分析目的基因的表达水平。

二、实验原理

实时荧光定量PCR（qRT-PCR）基本原理是在常规PCR的基础上添加荧光染料或探针，利用荧光信号的积累实时监测整个PCR进程。荧光染料，如SYBR Green Ⅰ等本身不发光，但可以在结合dsDNA的小沟后发出荧光，在DNA聚合酶作用下合成新链时，荧光分子结合到dsDNA发出荧光，随着PCR循环数增加，荧光信号也会不断增强。Taqman探针是最为常用的一种水解探针，在探针的5′端标记一个荧光基团，通常为荧光素（FAM），探针本身则为一段与目的基因互补的序列，在探针的3′端有一个荧光猝灭基团，在DNA聚合酶作用下，探针从模板上被水解下来，报告荧光基因与猝灭荧光基因分开，释放荧光信号。两种方法都是根据荧光信号的增加来确定PCR产物含量。相对于常规PCR而言，荧光定量PCR可以进行实时监测，而且具有灵敏度高、特异性强、所需样品量少和精确定量等优点（Valasek et al., 2005）。根据定量方式不同，荧光定量PCR又分为绝对定量和相对定量，绝对定量方法获得的结果为起始模板数的精确拷贝数，通常利用已知的标准曲线来推算未知样本中目的基因表达量。在大多数实验中，通常不需要获得目的基因的绝对拷贝数，只需要检测经过不同处理的样本中目的基因的差异表达量，因此在qRT-PCR实验中常使用相对定量方式。

三、试剂与器材

（一）试剂

荧光定量反转录试剂盒、RNase free H$_2$O、5×PrimeScript RT Master Mix。

（二）器材

移液枪、PCR仪、电泳仪、96孔PCR板、PCR管、RNase free PCR管、RNase free枪头、离心机、核酸浓度测定仪、荧光定量PCR仪等。

四、实验步骤

(一)反转录RNA样品

参考荧光定量反转录试剂盒说明书对RNA样品反转录。首先,使用移液枪将下列试剂加入RNase free PCR管中,10 μL反应体系如下(表4-2-1)。

表4-2-1　反应体系表

试剂	体系	试剂	体系
5×PrimeScript RT Master Mix	2 μL	RNase free H$_2$O	补至10 μL
RNA	500 ng		

利用移液枪吹打混匀并离心。将离心后的样品放入PCR仪,设置反应程序:37℃,15 min;85℃,5 s。反应程序结束后,获得10 μL初始浓度为1000 ng/μL cDNA,留取5 μL用于后续标准曲线制作。此外,用ddH$_2$O将剩余5 μL 1000 ng/μL cDNA进行10倍稀释,并用核酸浓度测定仪检测cDNA浓度,再用ddH$_2$O将其浓度调整至120 ng/μL,用于qRT-PCR实验。

(二)引物设计

使用Primer Premier 5软件在目标基因序列的特异性区域设计qRT-PCR引物对,引物长度18~23 bp、退火温度50~55℃、GC含量40%~60%为佳。

(三)标准曲线制作

使用未稀释的cDNA为模板,初始浓度为1000 ng/μL,再将其进行5倍梯度稀释,分别得到以下浓度1000 ng/μL、200 ng/μL、40 ng/μL、8 ng/μL、1.6 ng/μL,共5个浓度梯度的cDNA模板,如下表4-2-2。

对样品稀释倍数log值和C_t值作图(图4-2-1),得到标准曲线方程为$Y=-2.9829X+28.073$,$R^2=0.9983$,标准曲线的$R^2>0.99$,标准曲线可用。

表4-2-2　稀释梯度表

C_t值	浓度的log值
19.14	3
21.27	2.3
23.29	1.6
25.17	0.9
27.63	0.2

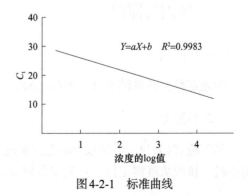

图4-2-1　标准曲线

理论上，一系列稀释样品的标准曲线之间有均匀的间距，扩增效率接近100%。实际操作时，反应的扩增效率应在90%～105%。如果扩增效率低，原因可能是引物特异性差、退火温度不佳等；扩增效率＞100%，可能存在非特异性产物扩增，如引物二聚体等。此外，需要注意的是标准曲线的模板浓度范围须涵盖所有待测样本模板浓度，使待测样本实验结果在反应的线性动态范围内。如待测样本C_t值低于标准曲线中最高浓度标准品C_t值，应稀释待测样品后，再重新进行qRT-PCR反应。

（四）qRT-PCR

使用移液枪将以下试剂加入96孔PCR板，反应体系如表4-2-3所示。

用透明PCR薄膜封住PCR板，并进行离心，最后放入荧光定量PCR仪。反应程序如图4-2-2所示，退火温度根据特异性引物决定。根据实验需要，选择合适的内参基因（*β-actin*或*GAPDH*等），使用$2^{-\Delta\Delta C_t}$或$2^{-\Delta C_t}$方法计算目的基因的相对表达量。

表4-2-3　反应体系表

试剂	体系
SYBR Premix Ex *Taq*TM Ⅱ	5 μL
上游引物	0.3 μL
下游引物	0.3 μL
cDNA模板	1.2 μL
ddH₂O	3.2 μL

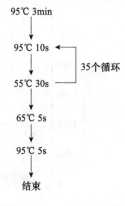

图4-2-2　PCR反应流程图

五、实验结果与分析

qRT-PCR的技术和生物学重复结果相近，标准差小，结果可信度高（图4-2-3），熔解曲线为单峰，表明引物特异性强，扩增产物单一，无引物二聚体或其他非特异性扩增产物（图4-2-4）。

在使用相对定量方法前，须确定内参基因和目的基因的扩增效率相近。相对定量分析方法普遍采用操作简便的$2^{-\Delta\Delta C_t}$法。

（1）用所有样本的内参基因的C_t值对目标基因的C_t值进行归一标准化：

$$\Delta C_t（对照组）=C_t（目标基因，对照组）-C_t（内参基因，对照组）$$

$$\Delta C_t（处理组）=C_t（目标基因，处理组）-C_t（内参基因，处理组）$$

（2）用对照组样本ΔC_t值归一化处理组样本ΔC_t值：

$$\Delta\Delta C_t=\Delta C_t（处理组）-\Delta C_t（对照组）$$

（3）计算表达量比率：$2^{-\Delta\Delta C_t}$＝处理组表达量/对照组表达量。以茶尺蠖取食茶树叶片后，计算*CsLOX*基因表达量为例。茶尺蠖取食前后*CsLOX*目标基因和*CsGAPDH*内

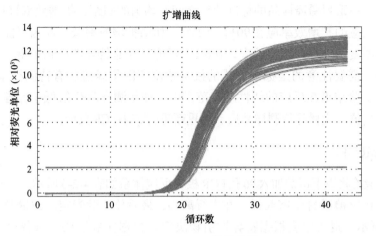

图4-2-3 qRT-PCR扩增曲线

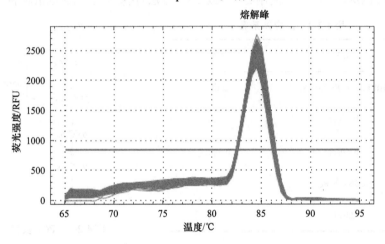

图4-2-4 qRT-PCR熔解曲线

表4-2-4 平均C_t值

样品	C_t（CsLOX，目标基因）	C_t（CsGAPDH，内参基因）
对照（CK）	20.50	22.00
茶尺蠖取食（E）	26.50	30.00
叶（L）	27.00	18.35
芽（B）	25.00	18.00

参基因的平均C_t值如表4-2-4所示。

用$2^{-\Delta\Delta C_t}$法计算茶尺蠖取食后CsLOX基因的相对表达量，计算过程如下：

$$\Delta C_t（对照组）=20.5-22=-1.5$$
$$\Delta C_t（处理组）=26.5-30=-3.5$$
$$\Delta\Delta C_t=-3.5-(-1.5)=-2$$
$$2^{-\Delta\Delta C_t}=2^{-(-2)}=4$$

根据结果表明，茶尺蠖取食后，CsLOX表达量是对照组的4倍，结果如图4-2-5所示。

以计算CsLOX在茶树芽和叶片表达量为例，芽和叶中CsLOX目标基因和CsGAPDH内参基因的平均C_t值如表4-2-4所示。

用$2^{-\Delta C_t}$法计算芽和叶片中CsLOX基因和相对CsGAPDH内参基因的表达量，计算过程如下：

$$\Delta C_t（叶）=27-18.35=8.65$$

$$\Delta C_{\mathrm{t}}（芽）=25-18=7$$

$$2^{-\Delta C_{\mathrm{t}}（叶）}=2^{-（8.65）}=0.0025$$

$$2^{-\Delta C_{\mathrm{t}}（芽）}=2^{-（7）}=0.0078$$

根据计算结果表明，叶中 *CsLOX* 表达量是 *CsGAPDH* 表达量的0.0025倍，芽中 *CsLOX* 表达量是 *CsGAPDH* 表达量的0.0078倍，结果如图4-2-6所示：

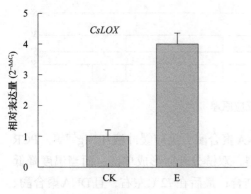

图4-2-5　茶尺蠖取食前后 *CsLOX* 表达量

CK. 对照组；E. 茶尺蠖取食处理组

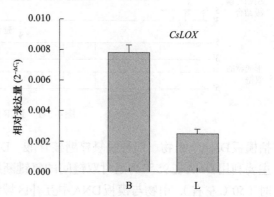

图4-2-6　茶树芽和叶中 *CsLOX* 表达量

B. 芽；L. 叶

六、注意事项

（1）实验中应全程佩戴一次性口罩和手套，避免实验材料在操作过程中被外源 RNase 污染。

（2）勿将5×PrimeScript RT Master Mix反复冻融，防止反转录酶失活。如每次使用间隔较短，可暂存于4℃冰箱。

（3）加样过程应在冰上进行，尤其是RNA样品反转录，避免其降解。

第三节　基因克隆及质粒构建

一、实验目的

（1）学习和掌握利用PCR克隆茶树目的基因的方法。

（2）学习和掌握利用重组酶构建重组质粒的方法。

二、实验原理

基因是生物细胞内DNA分子上具有遗传效应的特定核苷酸序列的总称，是具有遗传效应的DNA分子片段。基因克隆主要通过聚合酶链式反应（PCR）实现，PCR是由1983年美国人Mullis首先提出设想，并在1985年发明的（图4-3-1）。PCR反应体系包

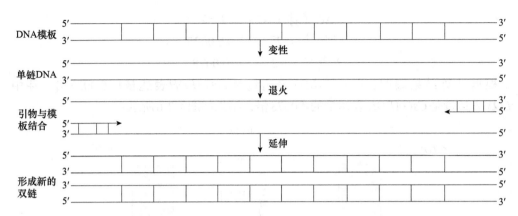

图4-3-1　PCR反应原理

括模板DNA、引物、四种脱氧核糖核苷酸、DNA聚合酶、反应缓冲液和Mg^{2+}等。PCR主要利用DNA在95℃高温时双链间的氢键断裂，双链分开而形成单链；而当温度降低时（50℃左右），引物与模板DNA中互补区域结合；最后在72℃左右，且DNA聚合酶、dNTPs、Mg^{2+}存在下，DNA聚合酶催化引物按5′至3′方向延伸，合成出与模板DNA链互补的DNA子链。以上述三个步骤为一个循环，每一循环的产物均可作为下一个循环的模板，经过多次循环后，获得高浓度的目的片段。

质粒构建是分子生物学研究中最常用的实验技术。多种分子实验都要通过构建不同的重组质粒来实现，其构建原理依赖于限制性核酸内切酶、DNA连接酶和其他修饰酶的作用，分别对目的基因和载体DNA进行适当修饰后，利用限制性内切酶进行切割，然后通过连接酶将二者组合在一起（图4-3-2），或者通过引入20 bp左右的载

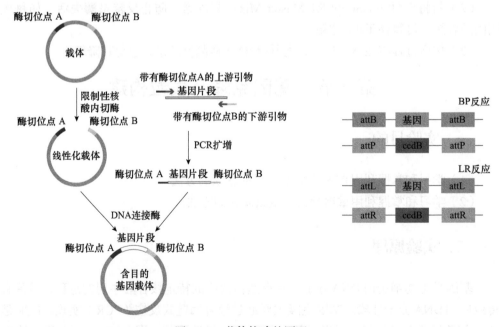

图4-3-2　载体构建的原理

体同源臂序列，并利用重组的方法将其构建到相应的载体上。构建成功的质粒被转化至宿主细胞，实现目的基因在宿主细胞内的正确表达（图4-3-3）。

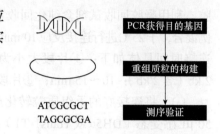

图4-3-3 载体构建流程图

三、试剂与器材

（一）试剂

DNA聚合酶（预混型 *Taq* 酶或高保真酶）、LB培养基、抗生素、大肠杆菌感受态细胞（DH5α或Trans1-T1）、空载体质粒、限制性内切酶及相应buffer、同源重组酶（C112-02-AA）、pEASY®-T1克隆载体试剂盒（Q20817）、凝胶回收试剂盒（UE-GX-250）、琼脂糖。

（二）器材

离心管、恒温培养箱、PCR仪、PCR管、电泳设备、水浴锅、恒温摇床、涂布棒等。

四、实验步骤

（一）目的基因的克隆与验证

（1）基于目的基因的序列设计引物，以cDNA为模板，进行PCR扩增，扩增体系（表4-3-1）和程序（表4-3-2）如下：

表4-3-1 PCR反应体系

试剂	体系	试剂	体系
DNA聚合酶（预混型 *Taq* 酶）	12.5 μL	cDNA模板	1 μL
上游引物F（10 μmol/L）	0.3 μL	ddH$_2$O	10.9 μL
下游引物R（10 μmol/L）	0.3 μL		

表4-3-2 PCR程序

温度	时间	温度	时间
94℃	3 min	循环至第二步	30个循环
94℃	30 s	72℃	10 min
56℃[①]	30 s	4℃	保持
72℃	1 min[②]	结束	

注：①具体退火温度以实际引物为准

②以酶的效率与扩增片段大小为准，一般 *Taq* 酶扩增效率为1 kb/min

（2）通过琼脂糖凝胶电泳分离PCR产物，切下目的基因片段大小位置的条带凝胶，利用凝胶回收试剂盒纯化回收目的基因片段，将胶回收片段与T1载体以4∶1的比例混合，于25℃进行连接反应10 min，连接时间根据片段大小而定，最长不超过30 min。连接时间具体如下：①片段大小为0.1~1 kb（含1 kb）：5~10 min；②片段大小为1~2 kb（含2 kb）：10~15 min；③片段大小为2~3 kb（含3 kb）：15~20 min。

（3）将连接好的重组质粒转化至大肠杆菌。具体方法为：将上述连接产物加入到50 μL感受态（DH5α或Trans1-T1）细胞中，冰浴30 min后，42℃水浴热激90 s，再加入400 μL无抗生素添加的LB液体培养基，于37℃恒温摇床180 r/min培养1 h；最后用涂布棒将培养后的菌液均匀地涂布在含相应抗性（卡那霉素Kan+或氨苄青霉素Amp+等）的LB固体平板上，于37℃倒置培养过夜，直至平板长出单克隆斑点。

（4）挑取单克隆进行PCR扩增，通过琼脂糖凝胶电泳分离PCR产物，观察条带位置大小是否与目的基因预测大小一致。将阳性的单克隆送至测序公司测序。将测序结果与参考基因组中目的基因的序列进行比对分析，如比对无误，则提取阳性单克隆菌液中的重组质粒以备后续使用。

（二）质粒的构建

（1）将限制性内切酶*Nde* I 与*Bam*H I 与pGBKT7空载体质粒混合进行双酶切，37℃反应3 h（酶切时间和温度参考限制性内切酶使用说明书），具体酶切体系如表4-3-3所示。

表4-3-3　双酶切体系

试剂	体系	试剂	体系
限制性内切酶*Nde* I	2.5 μL	空载体质粒	2.5 μg
限制性内切酶*Bam*H I	2.5 μL	ddH₂O	补齐至50 μL
10×K buffer	5 μL		

将酶切后的载体产物通过琼脂糖凝胶电泳和凝胶回收试剂盒分离并纯化。

（2）基于目的基因测序序列设计引物，上下游引物序列的5′端加入酶切位点和14 bp载体同源序列，具体设计引物如下：

引物序列F：（CAGAGGAGGACCTG，载体序列）（CATATG，*Nde* I 酶切位点序列）

引物序列R：（CGCTGCAGGTCGAC，载体序列）（GGATCC，*Bam*H I 酶切位点序列）

利用上述引物扩增目的基因，通过琼脂糖凝胶电泳和凝胶回收试剂盒，分离并纯化目的基因片段。

（3）将目的片段与酶切后载体的胶回收产物按比例混合（表4-3-4），于50℃连接反应30 min（反应温度与时间参考重组酶使用说明书）。

（4）将重组质粒按本节（一）中（3）（4）方法转化至大肠杆菌中，挑取单克隆

表4-3-4　重组体系

试剂	体系
2×GenRec Assembly Master Mix	5 μL
线性化载体	50~200 ng
目的片段	20~150 ng
ddH₂O	补齐至10 μL

进行测序验证。

五、实验结果与分析

图4-3-4是将茶树的*CsUGT78A15*基因构建到原核表达载体pET-28a的琼脂糖凝胶电泳图。对pET-28a-*CsUGT78A15*重组质粒酶切后，通过琼脂糖凝胶电泳发现目的基因预期片段大小位置存在较亮条带，对其克隆测序表明其为*CsUGT78A15*基因，且序列未发生碱基突变。

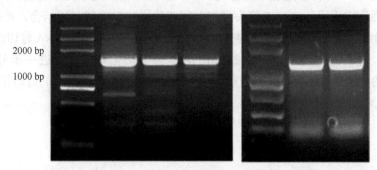

图4-3-4　构建的pET-28a-*CsUGT78A15*表达载体（何旭秋，2021）

左图三个泳道均为pET-28a-*CsUGT78A15* DNA片段；右图两个泳道为酶切后的pET-28a-*CsUGT78A15* DNA片段

六、注意事项

（1）目的基因克隆时，可选择高丰度目的基因作为扩增cDNA模板，避免因为目的基因表达量低而扩增失败。

（2）对目的基因测序结果分析时，应注意序列是否存在碱基突变，以免造成其编码氨基酸序列突变或移码。

（3）对载体进行双酶切时，需注意所使用两种内切酶的最适反应温度和缓冲buffer。

第四节　基于5′RLM-RACE的miRNA对靶基因的剪切位点鉴定

一、实验目的

（1）了解miRNA对靶基因的剪切作用。

（2）学习和掌握5′RLM-RACE的原理和操作方法。

二、实验原理

在植物中，miRNA与其靶基因有着互补性，能通过碱基互补配对的方式，结合在靶基因mRNA的编码区域，并对其进行剪切。剪切原理是miRNA通过与RISC蛋白相互作用，形成miRNA-RISC复合体，在mRNA靶定位点剪切靶基因，切割位置一般发生在靶基因与miRNA互补区域的第10和第11位核苷酸之间。靶基因在被miRNA剪切后，会产生两个片段，分别为5′和3′剪切片段。其中，由于3′剪切片段有一个暴露的5′单磷酸基团和多聚腺苷酸（polyA）尾巴，而5′剪切片段具有完整的帽子结构，不具有5′单磷酸基团（金安娜等，2014）。5′RLM-RACE利用这两个特点可对靶基因剪切位点进行验证。

　　5′RLM-RACE原理主要是基于5′和3′剪切片段结构差异，即5′剪切片段具有完整帽子结构，在RNA反转录过程中无法与RACE接头结合，进而无法进行PCR扩增。而在RNA连接酶的作用下，RACE接头可与3′剪切片段的5′磷酸基团结合，再基于RACE接头通用引物和靶基因特异性引物进行反转录，利用PCR扩增mRNA剪切位点附近的核苷酸序列，最后通过克隆测序判断miRNA是否剪切靶基因，并进一步分析miRNA剪切靶基因的位点（图4-4-1）。通过该实验可验证miRNA对靶基因的剪切作用和位点，为后续miRNA的功能研究提供基础。

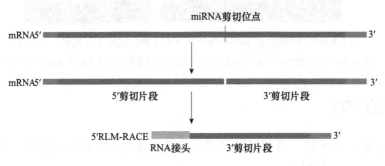

图4-4-1　5′RLM-RACE原理示意图

三、试剂与器材

（一）试剂

2×*Taq* Master Mix（Dye Plus）、RLM-RACE试剂盒、T4 RNA连接酶、RNA反转录试剂盒、RNase free H_2O、琼脂糖、凝胶回收试剂盒、LB培养基、大肠杆菌感受态细胞（DH5α或Trans1-T1）、卡那霉素。

（二）器材

PCR仪、移液枪、电泳仪、电泳槽、离心管、恒温培养箱、低温循环槽、水浴锅、恒温摇床等。

四、实验步骤

（1）根据靶基因3′端预测的剪切序列，设计巢式PCR所需的基因特异性引物。5′

接头引物序列为RLM-RACE试剂盒提供。

（2）在RNA样品中加入5′RACE接头，在T4 RNA连接酶作用下，与3′剪切片段结合（表4-4-1）。

混匀离心后，置于37℃ PCR仪上反应1 h。用移液枪吸取2 μL连接5′RACE的RNA进行后续反转录，剩余样品于−20℃储存。

（3）对加入5′RACE接头的RNA样品置于PCR仪中进行反转录，65℃反应5 min，使用反转录试剂盒，反应体系见表4-4-2。反应结束后，于冰上静置2 min。

表4-4-1 连接反应体系

试剂	体系
RNA	5 μL
5′RACE接头	1 μL
10×RNA Ligase buffer	1 μL
T4 RNA连接酶	2 μL
RNase free ddH$_2$O	1 μL
总计	10 μL

表4-4-2 反应体系（一）

试剂	体系
Random 6 mers	1 μL
dNTP mixture	1 μL
Ligated RNA	2 μL
RNase free ddH$_2$O	6 μL
总计	10 μL

将静置后的样品置于PCR仪中进行后续反应，反应程序为30℃，10 min；42℃，1 h；95℃，5 min；70℃，15 min。反应体系见表4-4-3。

（4）对反转录后的样品进行Outer 5′RLM-RACE PCR扩增，反应体系见表4-4-4。利用琼脂糖凝胶电泳分离扩增产物，并切下目的片段进行凝胶回收。

表4-4-3 反应体系（二）

试剂	体系
上述PCR产物	10 μL
5×PrimeScript buffer	4 μL
RNase Inhibitor	0.5 μL
PrimerScript RTase	1 μL
RNase free ddH$_2$O	4.5 μL
总计	20 μL

表4-4-4 反应体系（三）

试剂	体系
反转录的Ligated RNA	1 μL
5′RACE outer primer	1 μL
5′RACE gene-specific outer primer	1 μL
2×*Taq* Master Mix（Dye Plus）	12.5 μL
ddH$_2$O	9.5 μL
总计	25 μL

（5）以胶回收产物为扩增模板，利用Inner 5′RLM-RACE接头引物和靶基因特异性引物进行巢式二轮PCR扩增，反应体系见表4-4-5；再次利用琼脂糖凝胶电泳分离扩增产物，并切下目的片段进行凝胶回收。

表4-4-5 反应体系（四）

试剂	体系	试剂	体系
反转录的Ligated RNA	1 μL	2×*Taq* Master Mix（Dye Plus）	12.5 μL
5′RACE inner Primer	1 μL	ddH$_2$O	9.5 μL
5′RACE gene-specific inner primer	1 μL	总计	25 μL

（6）将inner 5'RLM-RACE PCR胶回收产物与pEASY-T1克隆载体连接，将其按照4∶1体积比例混合，置于25℃低温循环槽中连接10 min。吸取5 μL连接产物与50 μL大肠杆菌感受态细胞混合，冰浴30 min后，42℃热激90 s，再转移至冰上静置2 min。静置后，向其中加入400 μL LB液体培养基，于37℃恒温摇床中培养1～2 h。吸取100 μL培养后的菌液，涂布于50 ng/mL Kan$^+$ LB平板上，并将其转移至37℃培养箱中倒置过夜培养。待过夜后，从培养基上挑取5～8个单菌落，进行PCR检测并测序。

五、实验结果与分析

下图是利用5'RLM-RACE验证Csn-miR319c剪切其靶基因*CsnTCP2*的位点（图4-4-2）。10个阳性克隆的测序结果均显示，Csn-miR319c在箭头所指示的位置对*CsnTCP2*进行剪切（Liu et al., 2019）。

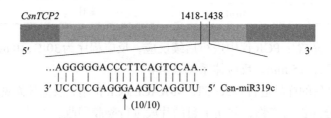

图4-4-2　5'RLM-RACE验证预测的Csn-miR319c剪切位点（Liu et al., 2019）

上图矩形框代表*CsnTCP2*的基因结构；浅灰色和深灰色框分别代表*CsnTCP2*的ORF和UTR；底部描绘了靶向*CsnTCP2* mRNA的Csn-miR319c的成熟序列；箭头表示通过5'RACE验证的剪切位点；克隆产物的数量如括号所示

六、注意事项

（1）实验中需使用高质量、无降解的RNA，低质量或降解的RNA可能会因为靶基因片段降解，从而导致PCR扩增失败。

（2）设计的基因特异性引物退火温度应在55～65℃范围内，不宜过低或过高。引物退火温度过低，PCR扩增中易出现非特异性扩增片段；而引物退火温度过高，则易出现引物难以与cDNA模板结合的现象，使得扩增的目的片段浓度过低。

第五节　基于烟草瞬时表达系统的miRNA剪切靶基因验证

一、实验目的

掌握利用烟草瞬时表达系统验证miRNA剪切其靶基因的实验原理和操作方法。

二、实验原理

GUS酶活反应原理为：4-MUG（4-甲基伞型酮-β-葡萄糖醛酸苷）经GUS酶催化水解为4-MU（4-甲基伞型酮），可通过365 nm激发光和455 nm发射光下检测4-MU产物浓度，最后根据酶促反应蛋白质浓度计算GUS酶活性。

基于烟草叶片瞬时表达系统，可通过测定GUS酶活性，从而验证miRNA对靶基因的剪切作用。以带有*GUS*报告基因的双元表达载体pBI121为例，将靶基因*CDS*序列与pre-miRNA分别连接于pBI121载体上，其中pBI121-靶基因重组质粒上带有*GUS*报告基因，而pBI121-pre-miRNA重组质粒切除了*GUS*报告基因（图4-5-1）。将上述构建的重组质粒转化至农杆菌中，并将其在本氏烟草叶片中瞬时表达。如果miRNA能够剪切靶基因，则靶基因转录水平将显著下降，进而导致靶基因与GUS融合蛋白不表达或表达减弱（崔俊霞等，2018）。通过观察侵染烟草的GUS染色情况以及酶活性，进而判断miRNA是否剪切该靶基因。

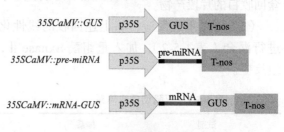

图4-5-1　载体构建示意图

三、试剂与器材

（一）试剂

植物表达载体pBI121、LB培养基、大肠杆菌感受态细胞（DH5α或Trans1-T1）、根癌农杆菌感受态细胞（EHA105或GV3101）、卡那霉素、质粒小提试剂盒、凝胶回收试剂盒、重组酶Exnase Ⅱ、*Xho* Ⅰ、*Bam*H Ⅰ、琼脂糖、凝胶回收试剂盒、D-葡萄糖、乙磺酸（MES）、磷酸钠、乙酰丁香酮、十二水合磷酸氢二钠（$Na_2HPO_4 \cdot 12H_2O$）、二水合磷酸二氢钠（$NaH_2PO_4 \cdot 2H_2O$）、5-溴-4-氯-3-吲哚-β-D-葡萄糖苷酸环己胺盐（X-gluc）、乙二胺四乙酸二钠盐（EDTA-Na_2）、聚乙二醇辛基苯基醚（TritonX-100）、铁氰化钾［$K_3Fe（CN）_6$］、亚铁氰化钾［$K_4Fe（CN）_6$］、β-巯基乙醇、4-甲基伞形酮（4-MU）、碳酸钠（Na_2CO_3）、DMSO或DMF、考马斯亮蓝、乙醇、纯水。

（二）器材

高速离心机、离心管、恒温培养箱、恒温摇床、PCR仪、电泳装置、水浴锅、注射器、研钵、酶标仪、分光光度计等。

四、实验步骤

（一）GUS融合蛋白载体的构建

（1）pBI121载体线性化：通过限制性内切酶 *Xho* I 和 *Bam*H I 双酶切获得线性化的pBI121载体，反应体系见表4-5-1；之后利用凝胶回收试剂盒对线性化载体片段回收。

（2）扩增目的片段：分别在miRNA前体序列以及靶基因序列引物上设计带有酶切位点和pBI121载体序列的同源臂引物，并利用上述引物分别对miRNA前体和靶基因 *CDS* 序列进行PCR扩增，将扩增产物进行琼脂糖凝胶电泳分离，并利用凝胶回收试剂盒回收目的片段产物。

（3）同源重组反应：将上述回收的线性化载体与目的片段产物按下述反应体系进行混合（表4-5-2），加入重组酶Exnase II，于PCR仪中37℃反应30 min完成重组反应。

<table>
<tr><td colspan="2">表4-5-1 双酶切反应体系</td><td colspan="2">表4-5-2 重组反应体系</td></tr>
<tr><td>试剂</td><td>体系</td><td>试剂</td><td>体系</td></tr>
<tr><td>pBI121</td><td>2.5 µg</td><td>线性化载体</td><td>100 ng</td></tr>
<tr><td>*Xho* I 内切酶</td><td>2.5 µL</td><td>插入片段</td><td>80 ng</td></tr>
<tr><td>*Bam*H I 内切酶</td><td>2.5 µL</td><td>Exnase II</td><td>2 µL</td></tr>
<tr><td>1× 酶切buffer</td><td>5 µL</td><td>5×CE II buffer</td><td>4 µL</td></tr>
<tr><td>ddH₂O</td><td>补齐至50 µL</td><td>ddH₂O</td><td>补齐至20 µL</td></tr>
</table>

（4）重组质粒转化：将上述重组质粒转化入大肠杆菌感受态细胞中（DH5α或Trans1-T1）。吸取10 µL重组质粒加入到100 µL感受态细胞中，轻弹混匀后，在冰上放置30 min，之后42℃热激90 s，再置于冰上2 min，最后加入400 µL无抗生素添加的LB液体培养基中，于37℃恒温摇床中培养1 h。吸取100 µL转化后的感受态细胞涂布于含50 ng/mL Kan⁺的LB固体平板上，于37℃恒温培养箱中倒置过夜。

（5）重组产物鉴定：培养过夜后，挑取平板上的单克隆进行菌落PCR，将阳性菌落加入含有50 ng/mL Kan⁺的LB液体培养基进行扩大培养，最后利用质粒小提试剂盒提取重组质粒。

（二）农杆菌转化与烟草侵染

（1）通过电击法将上述重组质粒（约1µL）转入50 µL根癌农杆菌感受态细胞（EHA105/GV3101等）中，转化后向其中加入700 µL无抗生素添加的LB液体培养基，于28℃恒温摇床中培养1 h。吸取100 µL转化后的感受态细胞涂布于含50 ng/mL Kan⁺的LB固体平板上，置于28℃恒温培养箱倒置培养2 d左右。

（2）挑取平板上的单克隆进行菌落PCR，将验证为阳性的菌落加入含有500 μL Kan$^+$（50 ng/mL）抗性的液体LB培养基中，放置于28℃恒温摇床中，以200 r/min速率扩大培养12～18 h，直至OD_{600}＝0.8～1.0。

（3）吸取50 μL上述菌液，转移至50 mL含50 ng/mL Kan$^+$抗性的液体LB培养基中，扩大培养菌液OD_{600}＝0.8左右。

（4）将培养好的菌液置于高速离心机中，以5000 r/min离心10 min，弃上清，用重悬液（表4-5-3）将菌体重悬至OD_{600}＝0.5，获得侵染液。

表4-5-3　重悬液配方

试剂	体系	试剂	体系
D-葡萄糖	250 mg	1 mol/L 乙酰丁香酮	5 μL
500 mmol/L MES	5 mL	纯水	定容至50 mL
20 mmol/L 磷酸钠	5 mL		

（5）挑选六周龄长势良好、健康的烟草，用注射器吸取侵染液对其叶片进行注射，直至侵染液充满整片烟草叶片。侵染后，将烟草放入人工气候室中避光培养2～3 d。

（三）GUS组织化学染色

（1）使用PBS缓冲液（表4-5-4）漂洗侵染烟草叶片。

（2）将漂洗后的叶片放入染色液（表4-5-5）中，37℃避光染色至叶片呈蓝色。

表4-5-4　PBS缓冲液配方

试剂	体系
1 mol/L $Na_2HPO_4 \cdot 12H_2O$	57.7 mL
1 mol/L $NaH_2PO_4 \cdot 2H_2O$	42.3 mL
纯水	定容至1000 mL

表4-5-5　染色液配方

试剂	体系	试剂	体系
X-gluc	100 mg	$NaH_2PO_4 \cdot 2H_2O$	1.3 g
100 mmol/L EDTA-Na_2	20 mL	100 mmol/L $K_3Fe(CN)_6$	4 mL
10% TritonX-100	2 mL	100 mmol/L $K_4Fe(CN)_6$	4 mL
$Na_2HPO_4 \cdot 12H_2O$	4.1 g	纯水	定容至200 mL

注：X-gluc使用前需用100 μL DMSO或DMF溶解

表4-5-6　固定液配方

试剂	体系
无水乙醇	900 mL
乙酸	100 mL

（3）用PBS缓冲液漂洗叶片3次，并将其放入固定液（表4-5-6）中，静置2～4 h。染色液可回收重复利用2～3次。

（4）固定结束后，叶片放入95%乙醇中重复脱色3次，再用70%乙醇漂洗3次，最后使用100%乙醇透明15 min，对叶片拍照保存。

（四）GUS酶活测定

（1）取0.1 g侵染后的烟草叶片放入研钵中，用液氮研磨至粉末，将其转移至预冷的研钵中。向研钵中加入300 µL左右的GUS酶提取液（表4-5-7），在冰上继续研磨至匀浆状，并将其转入1.5 mL离心管中，以10 000 r/min 4℃离心10 min，将上清转移至新的1.5 mL离心管中，得到烟草叶片总蛋白质粗提液。

表4-5-7　GUS酶提取液配方

试剂	体系	试剂	体系
0.1 mol/L PBS缓冲液（pH 7.0）	50 mL	β-巯基乙醇	100 µL
0.5 mol/L EDTA-Na₂	2 mL	纯水	定容至100 mL
TritonX-100	100 µL		

（2）取3.3 µL的蛋白质粗提液加入到200 µL考马斯亮蓝显色液中，显色10 min后，利用分光光度计在波长595 nm处测定OD值，计算样品中总蛋白质含量。

（3）稀释不同浓度（10000 pmol/L、5000 pmol/L、2500 pmol/L、1000 pmol/L、500 pmol/L、250 pmol/L、100 pmol/L、50 pmol/L）的4-MU标准液（表4-5-8），并在酶标仪上检测吸光度，制作4-MU标准曲线。

（4）取30 µL的蛋白质粗提液加入到170 µL的反应缓冲液中（表4-5-9），在酶标仪上设置检测条件为激发光365 nm，发射光455 nm；根据4-MU标准曲线，计算酶促反应生成产物4-MU的含量。

表4-5-8　4-MU标准液配方

试剂	体系
4-MU	44.04 mg
0.2 mol/L Na₂CO₃	250 mL

表4-5-9　4-MUG反应缓冲液配方

试剂	体系
4-MUG	24.72 g
GUS酶提取液	35 mL

（5）GUS酶活性［pmol/（mg·min）］＝4－MU含量÷蛋白质含量÷反应时间。

五、实验结果与分析

图4-5-2为*Csn-miR477*对其靶基因*CsnPAL*的剪切作用。与单独将前体*Csn-miR477*和靶基因*CsnPAL*侵染的烟草叶片GUS显色强度相比，*Csn-miR477*与*CsnPAL*共同转化

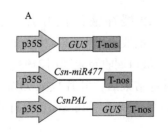

35SCaMV::GUS　　　　*35SCaMV::Csn-miR477*

图4-5-2　在烟草中共转化验证*Csn-miR477*对*CsnPAL*的剪切作用（Wang et al., 2020）

彩图　A. 构建载体的模式图；B～F. 不同的融合表达载体转化到烟草叶片中的GUS表型；G. GUS活性检测

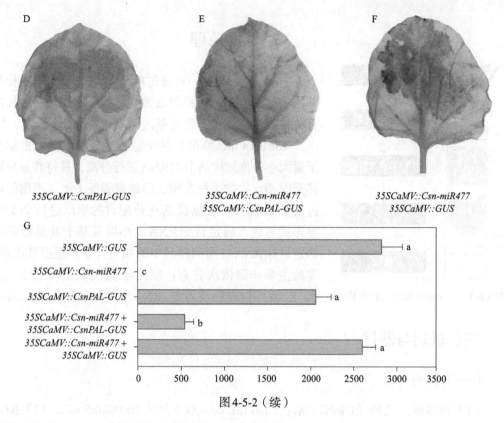

35SCaMV::CsnPAL-GUS

35SCaMV::Csn-miR477
35SCaMV::CsnPAL-GUS

35SCaMV::Csn-miR477
35SCaMV::GUS

图 4-5-2（续）

烟草叶片后，GUS 显色强度及其活性显著降低（Wang et al., 2020）。

六、注意事项

（1）在构建含靶基因 *CDS* 与 *GUS* 重组载体时，需将靶基因终止密码子去除，使 *GUS* 报告基因蛋白质正常表达。

（2）乙酰丁香酮会刺激眼睛、呼吸系统和皮肤，故其接触眼睛后，应立即用大量水冲洗。

（3）$K_3Fe(CN)_6$ 可能引起皮肤和眼睛发炎。

（4）β-巯基乙醇为无色挥发性气体，具有强烈的刺激性气味，其与皮肤接触有毒，刺激眼睛、呼吸系统和皮肤。

第六节 RNA 印记杂交（Northern blot）

一、实验目的

（1）学习通过 PCR 合成地高辛（DIG）标记探针。

（2）学习利用 Northern 印记杂交对茶树中目的基因 mRNA 水平进行分析。

二、实验原理

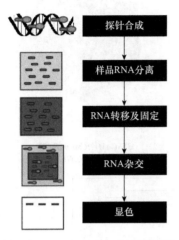

图 4-6-1　Northern blot 实验流程图

Northern blot 是一种通过检测 RNA 表达水平来检测基因表达的方法，可检测细胞、组织个体在不同生长发育阶段或逆境胁迫下特定基因的表达情况。

Northern blot 原理是基于琼脂糖凝胶电泳，根据分子量大小将待测样品中的 RNA 进行分离，并将其原位转移至固相支持物（尼龙膜、纤维素膜等）上，再用标记过的 RNA 探针，根据碱基互补配对的原则进行杂交后显影或显色，确定目标 RNA 大小以及基于其显影强度确定目标 RNA 在所测样品中的相对含量。根据其原理，实验主要步骤依次分为：探针合成、待测样品 RNA 分离、RNA 原位转移及固定、RNA 杂交和显色（图 4-6-1）。

三、试剂与器材

（一）试剂

（1）焦碳酸二乙酯（DEPC）水：1000 mL ddH$_2$O 中加入 DEPC 0.5 mL，37℃振荡过夜，然后高压灭菌。

（2）5×甲醛凝胶电泳缓冲液：MOPS［3-（N-玛琳代）丙磺酸］10.3 g 加 50 mmol/L NaAc 400 mL，用 NaOH 调 pH 至 7.0，再加入 0.5 mol/L EDTA 10 mL，加 DEPC 水至 500 mL。室温避光保存。

（3）RNA 变性工作液：5×甲醛凝胶电泳缓冲液 8.0 μL、37% 甲醛 7.2 μL、甲酰胺 20 μL，混匀后置于冰上，现配现用。

（4）10×SSC：NaCl 87.65 g、柠檬酸三钠 44.1 g，加 ddH$_2$O 至 1000 mL，在磁力搅拌仪上搅拌混匀，再用浓 HCl 调 pH 至 7.0。

（5）2×SSC：10×SSC 用 DEPC 水稀释 5 倍即可。

（6）1×Washing buffer：用超纯水把 10×Washing buffer 稀释 10 倍。

（7）1×Blocking buffer：用超纯水把 10×马来酸稀释 10 倍，用稀释过的马来酸把 10×Blocking buffer 稀释 10 倍。

（8）1×Antibody buffer：向 10 mL 1×Blocking buffer 加入 1 μL Anti-Digoxigenin-AP。

（9）1×Detection buffer：用超纯水把 10×Detection buffer 稀释 10 倍。

（10）氯化硝基四氮唑蓝（NBT）：取 0.5 g NBT 溶于 10 mL 100% 二甲基酰胺。

（11）四唑硝基蓝（BCIP）：取 0.5 g BCIP 溶于 7 mL 100% 二甲基酰胺和 3 mL 超纯水中。

（12）其他：凝胶回收试剂盒、质粒小提试剂盒、LB 培养基、ddH$_2$O、琼脂糖、甲醛、杂交液。

（二）器材

PCR仪、RNaes free PCR管、塑料膜、尼龙膜、恒温摇床、恒温培养箱、核酸浓度测定仪、水平电泳槽、真空转印仪、紫外交联仪、水浴锅、杂交炉、水平脱色摇床等。

四、实验步骤

（一）探针合成

（1）设计目的基因特异性引物，通过PCR扩增，扩增片段长度在1000 bp左右。

（2）利用凝胶回收试剂盒对PCR产物胶回收，并将其连接至T1克隆载体，将重组质粒转化至DH5α感受态细胞中，转化后的细胞涂布于LB固体培养基上，倒置于37℃恒温培养箱中。次日，挑取单菌落用特异性引物进行菌落PCR，将阳性克隆进行测序。

（3）测序正确的克隆挑至50 mL液体LB培养基中，并在恒温摇床上扩大培养，使用质粒小提试剂盒提取重组质粒。用核酸浓度测定仪测定质粒浓度，并用ddH₂O将重组质粒浓度稀释至10 pg/μL，用作后续PCR扩增模板。

（4）基于上述得到的DNA模板，利用PCR对目的基因进行扩增，获得DIG标记的RNA探针，具体PCR体系如表4-6-1所示。

表4-6-1　PCR体系

试剂	体积	试剂	体积
ddH₂O	7.06 μL	反向引物	1.25 μL
Mg²⁺ PCR buffer	1.25 μL	DNA聚合酶	0.19 μL
DIG-dUTP/dNTP	1.25 μL	DNA模板	0.25 μL
正向引物	1.25 μL	总计	12.5 μL

同时，设置一个阴性对照，即将PCR体系中DIG-dUTP替换为dNTP即可。

（5）吸取1.5 μL扩增获得的探针和阴性对照进行琼脂糖凝胶电泳，通过电泳结果可以发现，探针条带由于带上DIG标记，跑胶时略慢于阴性对照，显示出来的条带位置较高（图4-6-2）。确认探针标记上DIG后，将剩余的探针放置于−20℃留存备用。

（二）琼脂糖凝胶电泳分离待测样品RNA

（1）提取待测样品中总RNA，利用核酸浓度

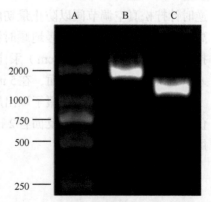

图4-6-2　DIG探针琼脂糖凝胶电泳图

A. 2000bp Marker；B. DIG探针；C. 阴性对照

表4-6-2 琼脂糖凝胶体系

试剂	体积
DEPC水	12.4 mL
5×甲醛凝胶电泳缓冲液	4.0 mL
37%甲醛	3.6 mL
琼脂糖	0.2 g
总计	20.0 mL

测定仪测定其浓度，并用琼脂糖凝胶电泳确认样品RNA质量（28S、18S rRNA条带亮度较高，且28S亮度应为18S亮度的约2倍，无杂带）。

（2）先用双氧水浸泡制胶和转膜仪器半小时以上，再用DEPC水彻底冲洗干净。配制1%琼脂糖凝胶，体系如表4-6-2所示，配制好的琼脂糖凝胶置于1×甲醛凝胶电泳缓冲液中待用。

（3）吸取10 µg RNA加入RNase free PCR管中，并加入5 µL RNA变性工作液，混匀后置于PCR仪上65℃孵育15 min。

（4）将适量电泳液倒入水平电泳槽，凝胶置于电泳液中，电泳液与凝胶平齐；再将电泳槽水平置于冰水浴中，将孵育后的RNA样品依次加入点样孔，并进行50 V电泳（电泳时间约2 h）。电泳结束后，用小刀切除多余凝胶，并用DEPC水冲洗两次，将冲洗后的凝胶置于10×SSC溶液，平衡30 min。

（三）RNA原位转移及固定

（1）在塑料膜上用剪刀剪取一个比凝胶略小的孔洞，再剪取一片比孔洞略小的尼龙膜，将尼龙膜置于DEPC水中浸湿，再置于10×SSC溶液中平衡10 min。

（2）润湿真空转印仪密封圈，将塑料窗覆盖在密封圈上，将密封框卡紧于四角的扣柱；用镊子将裁剪好的尼龙膜放于塑料窗区域，轻轻将胶放在塑料窗上，检查胶的边缘，确保凝胶边缘覆盖塑料窗并至少宽出5 mm（图4-6-3）。逆时针拧松真空调节阀以防止最初的真空压过高，打开真空泵开关，缓慢地顺时针调节阀至

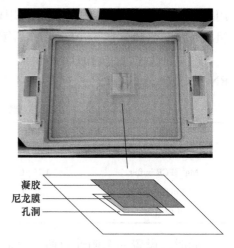

图4-6-3 真空转印示意图

指针显示5 in（1 in=2.54 cm）汞柱。塑料膜和凝胶紧紧吸附在转印仪平板后，缓缓倒入10×SSC溶液至覆盖胶面，在5 in汞柱的真空压下转印30～90 min。

（3）转印结束后，用镊子取出尼龙膜，用2×SSC溶液冲洗两次后，置于紫外交联仪内，紫外照射尼龙膜正反面各2 min。拔掉缓冲瓶的橡胶塞，倒出转印仪内液体，并用清水冲洗转印仪。

（四）RNA杂交

（1）将紫外交联固定好的尼龙膜置于50 mL离心管中，加入5 mL 42℃预热的杂交液，放入杂交炉中42℃预杂交2 h。

（2）取10 μL探针置于PCR仪中变性，运行程序为95℃，5 min，变性后，立即将其置于冰上静置5 min。将变性后的探针加入到5 mL杂交液中，置于42℃水浴锅中预热。

（3）将离心管中预杂交液倾出，加入含有探针的5 mL杂交液，放入杂交炉中42℃杂交过夜。含有探针的杂交液可存储于−20℃，再次使用时，直接取出放于68℃水浴锅中，加热10 min即可使用。

（五）显色

（1）将过夜杂交后的尼龙膜用1×Washing buffer置于水平脱色摇床摇晃漂洗三次，每次15 min；再将漂洗后的尼龙膜用1×Blocking buffer置于水平脱色摇床摇晃固定2 h以上。封闭后的尼龙膜用Antibody buffer置于水平脱色摇床摇晃孵育40 min。

（2）孵育好的尼龙膜再用1×Washing buffer置于水平脱色摇床摇晃漂洗三次，每次15 min；最后，用1×Detection buffer静置平衡2 min。

（3）将尼龙膜放入显色液（10 mL 1×Detection buffer中含有32 μL NBT和16 μL BCIP）中，避光显色，直至条带出现，再用去离子水漂洗终止显色。

五、实验结果与分析

下图为显色后的尼龙膜，1.4 kb位置的条带为目标基因 *CsGolS1* 条带，1.8 kb位置的条带为内参基因18s rRNA条带。通过条带颜色深浅可判断目的基因在不同样品中的表达水平，如相比于对照组，在茶树干旱处理的14 d后，*CsGolS1* 基因mRNA水平显著上调（图4-6-4）。

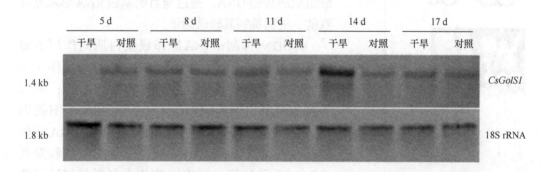

图4-6-4　Northern blot检测 *CsGolS1* 基因在干旱条件下的表达模式（Zhou et al., 2017）

六、注意事项

（1）如检测基因为多拷贝家族基因，设计的探针应处于特异性区域，避免与其他家族成员基因结合。

（2）用琼脂糖凝胶电泳检测合成的探针时，注意观察探针电泳结果中是否有非特异性条带，非特异性探针会严重影响后续的RNA杂交。

（3）在RNA固定在尼龙膜前，注意所有的操作仪器和用具需严格用DEPC水冲洗，防止RNA降解。

（4）如显色后发现尼龙膜背景颜色深，可通过提高杂交温度和增加尼龙膜漂洗次数以降低背景信号干扰。

（5）DEPC水有刺激性，吸入毒性强，对眼睛和气道黏膜有强刺激，在操作中应尽量在通风的条件下进行。

（6）甲醛对皮肤黏膜具有刺激性，可引起眼红、眼痒、咽喉不适或疼痛、声音嘶哑、喷嚏、胸闷、气喘、皮炎等症状。

（7）甲酰胺对皮肤、黏膜具有刺激性。

第七节　基于反义寡聚核苷酸的基因表达抑制

一、实验目的

（1）学会设计基因反义寡聚核苷酸探针。
（2）学习通过反义寡聚核苷酸抑制茶树基因表达的实验方法。

二、实验原理

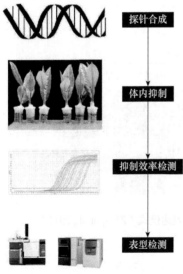

图4-7-1　基因反义寡聚核苷酸抑制实验流程图

反义寡聚核苷酸（asODNs）是由15～20个核苷酸组成的短链DNA，通过与目的基因RNA形成互补双链，进而抑制其转录翻译。

asODNs抑制mRNA翻译成蛋白质的作用主要包括两种机制。第一种是asODNs通过杂化作用在空间上阻断核糖体的易位，称为杂化阻滞；第二种抑制机制由细胞酶RNase H介导，RNase H能识别RNA-DNA异源双链核酸分子，导致RNA被切割，在此情况下，asODNs能像催化剂一样触发其他RNA分子裂解。asODNs在生命科学领域适用性广，具有特异性高、成本低、成功率高等特点。如一个asODN可以靶向抑制一段同源序列，意味着一个asODN可以抑制来自同一个基因家族的多个基因（Dinc et al., 2011）。根据其原理，主要实验步骤依次分为：探针合成、体内抑制、抑制效率检测和表型检测（图4-7-1）。

三、试剂与器材

（一）试剂

寡聚核苷酸反义链（asODN，100 μmol/L）、寡聚核苷酸正义链（sODN，100 μmol/L）、寡聚核苷酸随机引物链（100 μmol/L）、SYBR Ⅱ premix溶液、总RNA提取试剂盒、cDNA反转录试剂盒和ddH₂O。

（二）器材

光照培养箱、荧光定量PCR仪、离心管、封口膜等。

四、实验步骤

（一）探针合成

（1）提交目的基因CDS序列至在线网站（https://sfold.wadsworth.org/cgi-bin/soligo.pl），设计目的基因寡聚核苷酸反义链特异性探针，探针长度通常为20 bp。

（2）对输出的20条候选探针进行分析（图4-7-2），考虑到探针与目的基因的结合能力，优先挑选结合位点破坏能低的探针作为后续实验探针。此外，将探针序列反向互补，获得寡聚核苷酸正义链特异性探针；设计同等长度的DNA片段作为寡聚核苷酸随机引物链探针。

A	B	C	D	E	F	G
398	417	AUUCAGAACAGCUUCAUAGG	CCTATGAAGCTGTTCTGAAT	40.0%	0.691	6.3
559	578	CAAACUCCCACCAACAGCAGU	ACTGCTGTTGGTGGAGTTTG	50.0%	0.763	13.4
560	579	AAACUCCCACCAACAGCAGUG	CACTGCTGTTGGTGGAGTTT	50.0%	0.763	9.4
665	684	UAAGAGACCCCCACAAAGCA	TGCTTTGTGGGGGTCTCTTA	50.0%	0.684	6.3
666	685	AAGAGACCCCCACAAAGCAG	CTGCTTTGTGGGGGTCTCTT	55.0%	0.670	6.5
674	693	CCCACAAAGCAGCAAGGGUA	TACCCTTGCTGCTTTGTGGG	55.0%	0.719	6.7
675	694	CCACAAAGCAGCAAGGGUAU	ATACCCTTGCTGCTTTGTGG	50.0%	0.730	9.2
725	744	CAGCAAGAGCAUAUGAUGAA	TTCATCATATGCTCTTGCTG	40.0%	0.723	3.5
726	745	AGCAAGAGCAUAUGAUGAAG	CTTCATCATATGCTCTTGCT	40.0%	0.723	3.3
845	864	UUUCCAUUCUCCAACUACC	CGTAGTTGGAGAATTGGAAA	40.0%	0.792	3.7
846	865	UUCCAAUUCUCCAACUACCC	GGGTAGTTGGAGAATTGGAA	45.0%	0.834	3.2
856	875	CCAACUACCCAUCAUUUUCC	GGAAAATGATGGGTAGTTGG	45.0%	0.920	1.3
857	876	CAACUACCCAUCAUUUUCCA	TGGAAAATGATGGGTAGTTG	40.0%	0.916	1.6
861	880	UACCCAUCAUUUUCCAGCAA	TTGCTGGAAAATGATGGGTA	40.0%	0.874	1.5
862	881	ACCCAUCAUUUUCCAGCAAC	GTTGCTGGAAAATGATGGGT	45.0%	0.876	1.6
873	892	UCCAGCAACCCAAUCUCAGC	GCTGAGATTGGGTTGCTGGA	55.0%	0.685	5.6
1029	1048	UCCUUCUUCUGCUUCUUCAU	ATGAAGAAGCAGAAGAAGGA	40.0%	0.746	6.5
1030	1049	CCUUCUUCUGCUUCUUCAUU	AATGAAGAAGCAGAAGAAGG	40.0%	0.747	6.4
1161	1180	AAUGGGUUAUUUCCUACCAC	GTGGTAGGAAATAACCCATT	40.0%	0.671	6.6
1162	1181	AUGGGUUAUUUCCUACCACC	GGTGGTAGGAAATAACCCAT	45.0%	0.678	6.7

图4-7-2 寡聚核苷酸反义链探针列表

A. 起始位置；B. 终止位置；C. sODN序列；D. asODN序列；E. GC含量；
F. 核苷酸平均不配对概率；G. 结合位点破坏能（kcal/mol）

图4-7-3　asODN处理茶树
新梢示意图

（3）将目的基因的寡聚核苷酸反义链、正义链和随机引物链探针送去引物合成公司合成，用ddH₂O将合成的探针稀释至终浓度100 μmol/L。

（二）asODN在茶树叶片中抑制目的基因表达

（1）取带有一芽二叶的健康茶树新梢，用无菌小刀在其茎部斜切，再将切好的茶树新梢放入含有探针的溶液中，用封口膜将管口与新梢连接处密封，防止探针溶液挥发（图4-7-3）。处理组为插在含有目的基因的寡聚核苷酸反义链探针溶液的新梢，对照组为寡聚核苷酸正义链、寡聚核苷酸随机引物链探针溶液和无菌水处理的新梢。

（2）将所有处理的茶树新梢放置在光照培养箱［温度：（28±3）℃；湿度：75%±5%；光照周期：16 h光照/ 8 h黑暗］中，分别在处理后8 h、24 h、48 h收集处理和对照组新梢第二片展开叶，用液氮将其速冻，储存于－80℃冰箱备用。

（三）抑制效率检测

（1）将一部分处理后的茶树叶片用液氮研磨成粉末，利用总RNA提取试剂盒提取茶树叶片总RNA，并用cDNA反转录试剂盒将其反转录为单链cDNA。

（2）设计目的基因的特异性引物，利用qRT-PCR检测处理组和对照组样品中目的基因mRNA的表达量。对比处理组中目的基因表达量相对于对照组是否显著降低，进而判断目的基因是否被成功抑制。

（四）表型检测

（1）对于调控茶树农艺性状的基因，可直接通过观察茶树叶片表型，进而判断目的基因是否参与某一特定农艺性状的形成。

（2）对于调控可溶性次生代谢物生物合成的基因，可利用LC-MS对特定代谢物的含量进行定性和定量分析，进而判断目的基因是否调控茶树次级代谢物的生物合成。

（3）对于调控挥发性气体化合物生物合成的基因，可利用GC-MS对特定代谢物的含量进行定性和定量分析，进而判断目的基因是否调控茶树挥发物的生物合成。

五、实验结果与分析

图4-7-4为利用asODN抑制茶树 *UGT91Q2* 表达后，*UGT91Q2* 基因表达量及其产物橙花叔醇糖苷含量的变化趋势。qRT-PCR结果显示，相比于对照组sODN处理的茶树叶片，asODN处理显著降低了茶树 *UGT91Q2* 表达量（图4-7-4A）。进一步利用

GC-MS检测茶树叶片中橙花叔醇糖苷含量发现，在asODN处理后，橙花叔醇糖苷几乎检测不到，而对照组sODN处理后，茶树叶片中依然能检测到大量的橙花叔醇糖苷积累（图4-7-4B）。

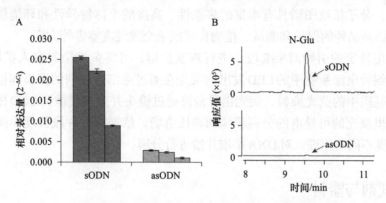

图4-7-4　asODN抑制*UGT91Q2*可减少茶树橙花叔醇糖苷的积累（Zhao et al., 2020）

A. *UGT91Q2*被抑制后表达模式；B. 茶树橙花叔醇糖苷含量分析

六、注意事项

（1）在设计asODN探针后，最好选择多条候选探针进行预实验，判断其是否能够成功抑制目的基因表达，并挑选抑制效率最佳的候选探针进行后续实验。

（2）为保障茶树新梢韧皮部不被破坏，能正常吸收探针溶液，需用刀片对茶树新梢进行斜切处理，并保证切口平整，无组织粘连；不要使用剪刀处理，否则会压迫新梢韧皮部。

第八节　基于SSR的茶树品种分子指纹构建

一、实验目的

（1）分析茶树基因组上SSR位点的分布和序列特征。

（2）开发SSR标记并制作分子指纹。

二、实验原理

SSR是一段简单重复序列，由1～6个核酸为基本单位，且长度为几十到几百bp的一段微卫星DNA。研究表明，真核生物的全基因组中存在大量SSR重复序列，它们均匀地串联或散布在染色体上，且每个SSR的两翼DNA序列都具有相对较高保守性，根据这个特性就能对其设计引物，然后进行PCR扩增，用于多态性分析，从而开发出SSR分子标记。随着植物分子育种学研究工作的不断深入，研究者已开发了一些稳定的SSR分子标记，并逐渐运用于种质资源的保护和遗传多样性分析等方面的研究。

分子指纹图谱是建立在分子标记技术上的一种电泳图谱，该图谱是在DNA水平上直接呈现出个体的特异性，从而达到鉴定筛选优异种质资源的目的。与传统的生化指纹图谱相比，分子指纹图谱具有丰富的多态性、高度的个体特异性和环境稳定性，广泛应用于植物新品种的保护和测试、植物育种或杂交种纯度鉴定等方面。

通过使用特定的引物对SSR位点进行PCR扩增，可将荧光染料嵌入扩增产物中，而全自动毛细管电泳系统中的LED发出的荧光在通过毛细管阵列的窗口部位时，可激发嵌入凝胶基质中的荧光染料，荧光信号最终通过镜头并空间成像到CCD探测器。对毛细管阵列里填充的可导电的分离胶施加高压电场，依据核酸片段长度不同在凝胶电泳中迁移速度不同的原理，对DNA扩增片段进行分离。

三、试剂与器材

（一）试剂

适用于扩增片段的DNA聚合酶（Mix）、扩增样品DNA、无菌水、蒸馏水、TE缓冲液、矿物油、FA dsDNA分离胶、5×930 dsDNA缓冲溶液、1×TE Dilution buffer、5×毛细管调节溶液、DNA Marker、Ladder和Intercalating dye染料。

（二）器材

高速离心机、离心管、PCR仪、96孔PCR板、全自动毛细管电泳仪、移液枪等。

四、实验步骤

（一）SSR位点检测和引物设计

使用MISA软件检测茶树基因组上的SSR位点，并对SSR长度小于3 bp的位点进行过滤，获得置信度高的SSR位点。使用Primer Premier 5软件批量设计SSR位点引物。引物要求：引物长度在20～22 bp，GC含量在40%～60%，不能出现错配和引物二聚体，上下游引物退火温度相差不超过5℃，产物长度在100～450 bp。将设计好的引物送公司合成后，用TE缓冲液将其浓度稀释至10 μmol/L，离心备用。

（二）毛细管电泳检测PCR扩增产物

用无菌水将需要检测的DNA样品浓度稀释至50～60 ng/μL，以其作为模板进行PCR扩增，PCR反应体系如表4-8-1所示：

表4-8-1　PCR反应体系

试剂	体系
DNA聚合酶（Mix）	5 μL
无菌水	3 μL
DNA	1 μL
上游引物	0.5 μL
下游引物	0.5 μL
总计	10 μL

　　吸取2 μL PCR产物加入96孔PCR板，再加入20 μL 1×TE Dilution buffer进行稀释，离心备用。利用毛细管试剂配制分离胶和运行缓冲液，具体方法如下：

　　（1）向40 mL FA dsDNA分离胶中加入2 μL Intercalating dye染料。

　　（2）向20 mL 5×毛细管调节溶液中加入80 mL蒸馏水，使毛细管内壁形成保护膜。

　　（3）向20 mL 5×930 dsDNA缓冲溶液中加80 mL蒸馏水，后分装至96孔板中（1 mL/孔）。

　　（4）向96孔PCR板的每个样品孔中添加30 μL DNA Marker后离心，再向每个样品孔中加入20 μL矿物油密封。

五、实验结果与分析

　　图4-8-1为5个DNA样品的峰图及毛细管电泳胶图（图4-8-1A），峰图可直接显示扩增产物片段长度，LM和UM是用来对产物峰校准的最低峰和最高峰，A图中247是

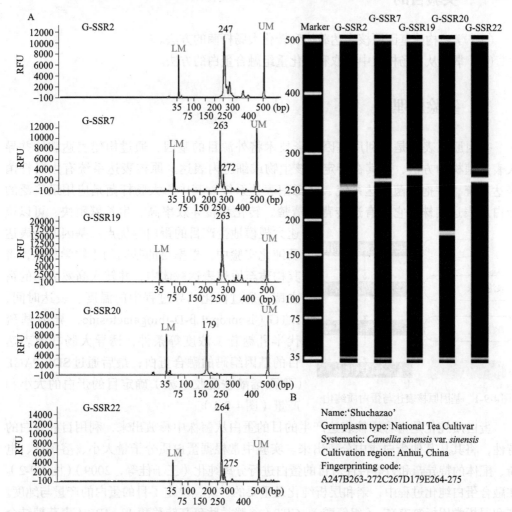

图4-8-1　产物峰图及毛细管电泳胶图（A）和分子指纹图谱（B）（Liu et al., 2017）

产物峰，也代表扩增的产物长度是247 bp。对于多个特异的SSR标记扩增结果，可将其进行组合分析，即可构建不同茶树品种特异的指纹图谱（Liu et al., 2017）；B图是国家级良种舒茶早的指纹图谱。

六、注意事项

（1）在进行PCR扩增时，样品DNA浓度不能过高，以减少非特异性扩增片段。
（2）进行数据统计时，需根据Ladder的出峰时间判定Lower峰和Upper峰，同时需要排除因非特异性扩增产生的非目标峰。

第九节　基因原核表达及纯化

一、实验目的

（1）学习构建基因原核表达载体和转化大肠杆菌的方法。
（2）掌握从大肠杆菌中提取和纯化重组融合蛋白的方法。

二、实验原理

基因原核表达是指利用基因克隆技术将外源目的基因，通过构建表达载体并导入表达菌株的方法，使其在特定原核生物或细胞内表达。原核表达系统有大肠杆菌表达系统、芽孢杆菌表达系统、链霉菌表达系统。其中，大肠杆菌是应用最广泛的蛋白质表达菌株，它具有遗传背景清楚、转化和转导效率高、生长繁殖快、可以快速大规模地生产目的蛋白等优点。基因原核表达及纯化实验中，根据目的基因的生物学特性，将其构建至原核表达载体中，并转入高效表达的宿主菌，通过优化诱导过程中的温度、表达时间、IPTG（isopropyl β-D-thiogalactoside，异丙基硫代半乳糖苷）浓度等条件，诱导大肠杆菌表达目的基因编码的融合蛋白；最后通过SDS-PAGE（聚丙烯酰胺凝胶电泳）确定目的蛋白的大小和产量（图4-9-1）。

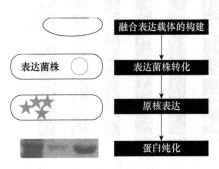

图4-9-1　基因原核表达与蛋白质纯化

蛋白质纯化是指将原核表达产生的目的蛋白从菌株中释放出来，利用目的蛋白的特性，将其从其他蛋白质中分离出来。实验中常根据蛋白质分子量大小、溶解度、电荷、配体的特异亲和力等特性对目的蛋白进行分离纯化（王子佳等，2009）（图4-9-2）。在融合蛋白纯化过程中，亲和层析纯化是重要的一环，决定了目的蛋白的产量与纯度。亲和层析常用标签有His（组氨酸）、GST（谷胱甘肽巯基转移酶）、MBP（麦芽糖结合

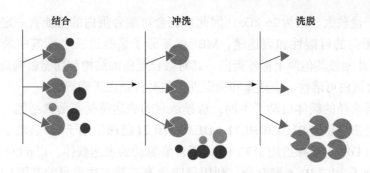

结合　　　　　冲洗　　　　　洗脱

图4-9-2　重组融合蛋白纯化的原理（王子佳等，2009）

蛋白）。His标签亲和层析通常使用Ni（镍）柱纯化，Ni柱中的氯化镍可以与His-tag重组融合蛋白结合，也可以与咪唑进行结合，当重组融合蛋白与层析柱表面珠孔内的镍离子介质发生结合时，不同浓度的咪唑通过层析柱，即可将镍配位的标签蛋白和杂蛋白分别依梯度的不同洗脱下来，从而得到高纯度的重组融合蛋白。GST亲和层析是利用GST融合蛋白与固定的谷胱甘肽（GSH）通过硫键共价亲和，再通过还原型GSH洗脱融合蛋白。MBP亲和层析的原理是MBP融合蛋白能够被多糖树脂吸附，而杂蛋白与树脂不结合，因此蛋白质纯化过柱时，杂蛋白被清洗缓冲液洗脱层析柱，最后通过高浓度的麦芽糖将结合在层析柱上的融合蛋白洗脱下来。

三、试剂与器材

（一）试剂

LB液体、培养基、大肠杆菌感受态［Trans BL21（DE3）］、IPTG诱导剂、SDS-PAGE电泳制胶试剂盒、考马斯亮蓝、磷酸盐缓冲液（PBS）、5×蛋白上样缓冲液、His标签纯化树脂、磷酸二氢钠、氯化钠、咪唑、卡那霉素。

（二）器材

高速离心机、恒温水浴锅、恒温摇床、PCR仪、超滤管、超净工作台、水相膜、层析柜、凝胶成像系统、超声波细胞破碎仪等。

四、实验步骤

（一）目的基因的原核表达

（1）根据实验要求选择表达载体，并将目的基因*CDS*片段构建至原核表达载体中。常用原核表达载体系统有pET（His·Tag）、pGEX（GST·Tag）、pMAL（MBP·Tag）等。His标签通常由6个组氨酸残基组成为6×His标签，其分子量较小，约为0.84 kDa，因此对融合蛋白功能影响较小，同时具有蛋白纯化步骤简单、纯化条件温和等优点。

GST标签分子量较大，约为26 kDa，因此可能会对融合蛋白的功能有一定影响，但其能提高融合蛋白的可溶性和表达量。MBP标签分子量是这三个标签中最大的，约为42.5 kDa，因此相较其他两个标签蛋白，其对融合蛋白的结构和功能影响最大，但其能显著增加融合蛋白可溶性、表达量和稳定性，使融合蛋白正确折叠。

（2）根据选择的载体启动子不同，选择适宜的表达感受态菌株细胞。常用的大肠杆菌表达感受态细胞有BL21和BL21（DE3），BL21菌株适用于Tac启动子驱动的表达载体，BL21（DE3）菌株适用于T7 RNA聚合酶驱动的表达载体。以pRSF-Duet-1载体为例，其启动子为T7 RNA聚合酶。利用第四章第三节方法将目的基因*CDS*序列构建至pRSF-Duet-1载体上，并获得重组质粒，将重组质粒转化到大肠杆菌表达感受态细胞〔BL21（DE3）〕中。

（3）挑取转化后的菌株进行PCR及测序验证，并挑取测序正确的阳性菌株至2 mL含50 ng/mL Kan$^+$的LB液体培养基中，于37℃恒温摇床（转速180 r/min）中振荡培养3～4 h。

（4）吸取100 μL培养后的菌液转入10 mL含50 ng/mL Kan$^+$的LB液体培养基中，于37℃恒温摇床（转速180 r/min）振荡培养至菌液OD$_{600}$＝0.4～0.6。从中吸取1 mL菌液作为诱导前对照组，剩余菌液加入IPTG诱导剂至终浓度为1.0 mmol/L，并将其转移至37℃恒温摇床（转速180 r/min）诱导培养6 h。

（5）将诱导结束后的菌液以12 000 r/min离心3 min，弃上清，用10 mL 1×PBS缓冲液重悬沉淀，将重悬液放入超声波细胞破碎仪中，37℃环境下，25 W的功率工作3 s，休息6 s，直至重悬液清亮。将破碎后的菌液以12 000 r/min离心3 min，留取上清液作为诱导后可溶蛋白，收集菌液沉淀，并用2 mL 1×PBS缓冲液重悬沉淀，作为诱导后不可溶蛋白。按照蛋白样品：5×蛋白上样缓冲液＝4∶1比例，分别向100 μL诱导前蛋白、诱导后可溶蛋白、诱导后不可溶蛋白样品中加入25 μL 5×蛋白上样缓冲液，充分混匀，于95～100℃水浴锅中煮沸变性10 min。

（6）利用SDS-PAGE电泳制胶试剂盒配制12% SDS-PAGE蛋白胶，待胶体凝固后，吸取10 μL变性后蛋白样品上样，以120 V电压电泳2 h。电泳结束后，将SDS-PAGE胶置于考马斯亮蓝染色液中，静止孵育10 min后，用纯水脱色3次，每次5 min。将脱色后的SDS-PAGE胶置于凝胶成像系统中拍照，对比胶图中大肠杆菌诱导前后是否存在目的蛋白条带，以确定目的蛋白是否表达；此外，对比大肠杆菌破碎前后目的蛋白条带深浅，以评价目的蛋白的可溶性。

（二）目的蛋白纯化

（1）以上述诱导条件对培养后的100 mL菌液进行诱导，对诱导后的菌液以6000 r/min离心10min，收集菌体沉淀，加入10 mL 1×PBS缓冲液重悬菌体，超声破碎直至菌液清澈。利用0.45 μmol/L水相膜过滤破碎后的菌液，去除不溶性杂质。

（2）吸取1 mL His-Tag纯化树脂至空的亲和柱，待树脂沉降后，释放树脂存储液，再向树脂中加入10倍柱体积的缓冲液A（表4-9-1）平衡柱子。

（3）平衡亲和柱后，将过滤后的上清液加入柱中，以 0.5～1 mL/min 流速使上清液流过亲和柱，再加入 10 倍柱体积缓冲液 A 去除杂蛋白；最后，向亲和柱中加入 3 mL 高浓度咪唑缓冲液 B（表 4-9-2）洗脱带有 His 标签的重组蛋白。

<table>
<tr><td colspan="2">表 4-9-1 缓冲液 A 配方</td><td colspan="2">表 4-9-2 缓冲液 B 配方</td></tr>
<tr><td>试剂</td><td>体系</td><td>试剂</td><td>体系</td></tr>
<tr><td>50 mmol/L NaH$_2$PO$_4$·2H$_2$O</td><td>3.900 g</td><td>50 mmol/L NaH$_2$PO$_4$·2H$_2$O</td><td>3.900 g</td></tr>
<tr><td></td><td></td><td>300 mmol/L NaCl</td><td>8.766 g</td></tr>
<tr><td>300 mmol/L NaCl</td><td>8.766 g</td><td>25～45 mmol/L 咪唑</td><td>0.851～1.532 g</td></tr>
</table>

注：pH 调至 8.0，用纯水定容至 500 mL　　　　　　　注：pH 调至 8.0，用纯水定容至 500 mL

（4）用纯水将 10 kDa 超滤管清洗 2～3 次，将洗脱后的蛋白加入超滤管上层，以 4℃、5000 r/min 离心 10 min，去除下层流出液，并重复多次，直至蛋白体积为 1 mL 左右。

（5）配制 SDS-PAGE 蛋白胶，取 5 μL 蛋白 Marker、10 μL 纯化后蛋白样品进行点样，以分析目的蛋白纯度。

五、实验结果与分析

图 4-9-3 是一组苦茶碱合成酶（CkCS）蛋白纯化后的 SDS-PAGE 图片。通过纯化的 CkCS（41.4 kDa）、CkTbS（40.8 kDa）和 CkTcS（41.3 kDa）重组蛋白的 SDS-PAGE 胶图显示目的蛋白的大小（Zhang et al., 2020）。

六、注意事项

（1）不同基因根据其编码蛋白的特性，蛋白诱导和纯化效果存在差异，在进行蛋白纯化前，应对其诱导条件进行摸索，主要为诱导温度、时间、IPTG 浓度等。

（2）蛋白纯化过程中，应保持菌体破碎、离心、亲和层析环境温度为 4℃，防止蛋白质活性降低。

（3）咪唑：对皮肤、黏膜有刺激性和腐蚀性。

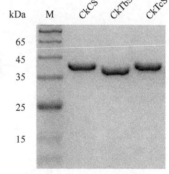

图 4-9-3　CkCS、CkTbS 和 CkTcS 蛋白纯化（Zhang et al., 2020）

第十节　酵母双杂交实验

一、实验目的

（1）学会构建酵母双杂交载体并将其转入酵母细胞中。

（2）掌握基于酵母双杂交系统分析蛋白质-蛋白质相互作用的方法。

二、实验原理

酵母双杂交系统（yeast two-hybrid system）是以酵母为宿主，研究蛋白质间相互作用的一种分子生物学技术，具有灵敏性高、适用范围广等特点。酵母双杂交系统的建立是基于对真核生物调控转录起始过程的认识，即细胞起始基因转录需要有反式转录激活因子的参与。研究显示，转录活化蛋白可以和DNA上特异的序列结合而启动相应基因的转录反应。例如，酵母转录因子*GAL4*在结构上是组件式的，这种DNA结合与转录激活的功能是由转录活化蛋白上两个相互独立的结构域分别来完成的，即GAL4 N端上由147个氨基酸组成的DNA结合域（binding domain，BD）和C端上由113个氨基酸组成的转录激活域（activation domain，AD）。BD可以和上游激活序列（upstream activating sequence，UAS）结合，而AD则能激活下游的基因进行转录。但是，单独的BD或AD不能激活基因转录，它们之间只结合在一起才具有完整的转录激活因子功能（崔红军等，2015）。

因此，通过将需要验证的蛋白质分别构建到包含BD的pGBKT7载体与包含AD的pGADT7载体中，若目的蛋白间可以相互作用，那么BD与AD结合，进而可以激活酵母中报告基因的表达（图4-10-1）。依据其原理，实验步骤依次分为融合载体的构建、酵母转化、报告基因的筛选（图4-10-2）。

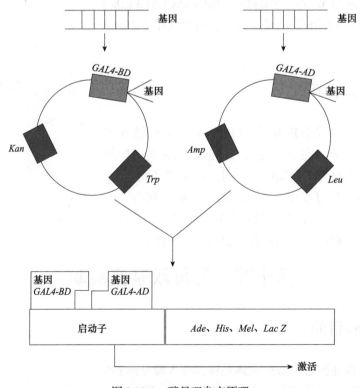

图4-10-1　酵母双杂交原理

三、试剂与器材

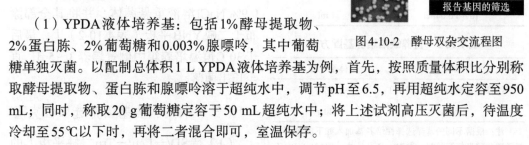

图4-10-2　酵母双杂交流程图

（一）试剂

（1）YPDA液体培养基：包括1%酵母提取物、2%蛋白胨、2%葡萄糖和0.003%腺嘌呤，其中葡萄糖单独灭菌。以配制总体积1 L YPDA液体培养基为例，首先，按照质量体积比分别称取酵母提取物、蛋白胨和腺嘌呤溶于超纯水中，调节pH至6.5，再用超纯水定容至950 mL；同时，称取20 g葡萄糖定容于50 mL超纯水中；将上述试剂高压灭菌后，待温度冷却至55℃以下时，再将二者混合即可，室温保存。

（2）0.9% NaCl：按照质量体积比称取0.9 g NaCl溶于100 mL超纯水中，待完全溶解后，高压灭菌，室温保存。

（3）其他：营养缺陷型培养基（YNB）、PEG 4000（聚乙二醇4000）、10×TE buffer、葡萄糖、乙酸锂、鲑鱼精DNA（herring testes carrier DNA）、二甲基亚砜（DMSO）、Y2H Gold酵母感受态细胞。

（二）器材

移液器、高速离心机、离心管、恒温培养箱、恒温水浴锅、恒温摇床等。

四、实验步骤

（一）BD及AD融合载体的构建

参考第四章第三节中质粒构建的方法，扩增目的基因 *CDS* 序列，利用同源重组方法将其PCR产物片段分别构建到pGBKT7与pGADT7载体中，获得测序正确的重组质粒。

（二）酵母转化

（1）预先取出鲑鱼精DNA于98℃水浴锅中变性10 min，变性后迅速将其置于冰上5 min。

（2）分别取1~3 μg目的基因与pGBKT7和pGADT7重组质粒DNA及10 μL鲑鱼精DNA依次加入到100 μL Y2H Gold酵母感受态细胞中，轻弹混匀。此外，pGBKT7-53和pGADT7-T共转化入Y2H Gold酵母感受态细胞，作为阳性对照；pGBKT7-lam和pGADT7-T共转化入Y2H Gold酵母感受态细胞，作为阴性对照。

（3）混匀后，加入500 μL PEG/LiAc溶液（表4-10-1），用移液器吹打混匀，转移至30℃水浴锅中水浴30 min，在15 min时翻转6~8次混匀。

（4）水浴后，加入20 μL二甲基亚砜，再将其转移至42℃水浴锅中热激15 min，在7.5 min时翻转6~8次混匀。

表4-10-1　PEG/LiAc溶液配方

试剂	体系
50% PEG 4000	8 mL
1 mol/L LiAc	1 mL
10×TE buffer	1 mL

表4-10-2　营养缺陷培养基配方

试剂	体系（1L）
不含氨基酸酵母氮源（YNB）	6.7 g
琼脂	20 g

注：根据不同的营养选择性培养基加入如下的含不同氨基酸的酵母氮源粉剂。①SD/－Leu/－Trp（二缺）：在不含任何氨基酸的SD培养基中加入二缺粉剂0.64 g。②SD/－His/－Leu/－Trp（三缺）：在不含任何氨基酸的SD培养基中加入三缺粉剂0.62 g。③SD/－His/－Leu/－Trp/－Ade（四缺）：在不含任何氨基酸的SD培养基中加入四缺粉剂0.60 g。④定容到950 mL，调pH为5.8，高压灭菌后加入灭菌的40%葡萄糖50 mL，倒平板，于4℃保存

（5）热激后，以5000 r/min离心40 s，弃上清，用1 mL YPDA培养基重悬菌体，于30℃摇床100 r/min培养1 h。

（6）再次以5000 r/min离心40 s，用0.9% NaCl溶液重悬菌体，并将其全部涂布于二缺YNB平板（表4-10-2）上，最后于30℃恒温培养箱中倒置培养3～5 d，直至长出菌落。

（三）利用报告基因筛选阳性克隆

（1）待SD/－Leu/－Trp二缺平板上的酵母菌落直径达到2～3 mm后，挑取进行菌落PCR，将阳性克隆转移至SD/－His/－Leu/－Trp/－Ade四缺平板上划线或点板，并于30℃恒温培养箱中倒置培养3～5 d，观察酵母菌落的生长情况。

（2）挑取SD/－His/－Leu/－Trp/－Ade四缺平板上的阳性克隆，将其在含有x-α-gal的SD/－His/－Leu/－Trp/－Ade四缺平板上划线培养，于30℃恒温培养箱中倒置培养3～5 d，观察酵母菌落的生长情况。

五、实验结果与分析

如图4-10-3所示，所有转化的酵母菌落均可以在SD/－Leu/－Trp二缺平板上正常生长，表明目的基因与pGBKT7和pGADT7两个重组质粒均已成功转入酵母细胞。此外，pGADT7-CsMYC2与pGBKT7-CsJAZ1-1、pGBKT7-CsJAZ1-2共转化酵母也可在SD/－His/－Leu/－Trp/－Ade四缺平板上正常生长，表明CsMYC2蛋白与CsJAZ1-1、CsJAZ1-2蛋白均可以相互作用；然而，pGADT7-CsMYC2与pGBKT7-CsJAZ1-3、pGBKT7阴性对照共转化酵母在SD/－His/－Leu/－Trp/－Ade四缺平板上无法生长，说明CsMYC2蛋白与CsJAZ1-3蛋白无法相互作用（Zhu et al., 2022）。

六、注意事项

（1）在配制营养缺陷型培养基时，应注意擦

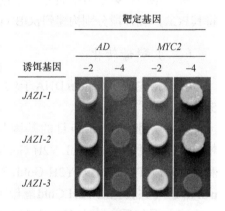

图4-10-3　基于酵母双杂交系统检测CsMYC2与CsJAZ1-1、CsJAZ1-2和CsJAZ1-3三个蛋白间的相互作用（Zhu et al., 2022）

拭干净称量药勺，防止不同营养缺陷型培养基间交叉污染，影响实验结果。

（2）因酵母质量较大，在培养过程中易于沉积在容器底部。因此，酵母培养尽量使用圆底容器，如2.0 mL圆底离心管。

（3）由于氨基酸与葡萄糖在高温下会发生美拉德反应。因此，在配制营养缺陷培养基时，葡萄糖溶液应与其他培养基试剂分开灭菌。

（4）二甲基亚砜（DMSO）：毒性大，对人体皮肤有渗透性，对眼有刺激作用。

第十一节 酵母单杂交实验

一、实验目的

（1）学会构建酵母单杂交载体并将其转入酵母细胞中。

（2）掌握基于酵母单杂交系统分析DNA-蛋白质相互作用的方法。

二、实验原理

酵母单杂交是在酵母双杂交技术基础上发展而来的，用于检测DNA与其结合蛋白间相互作用的一种技术方法。这里的DNA结合蛋白通常指的就是转录因子（TFs），它们通过与DNA序列（一般为启动子序列）的目标位点结合来激活或者抑制下游基因的转录表达，进而调控各种生物过程。故酵母单杂交技术已成为研究真核生物内部基因调控作用的重要方法之一（Wanke and Harter，2009）。

虽然目前已有多种酵母单杂交分析方法，且不同方法具有差异和独特技术优势，但其基本的原理都主要包括2个部分：①目标DNA序列及其下游报告基因组成的表达盒；②DNA结合蛋白与酵母转录激活域（activation domain，AD）的融合组成表达（图4-11-1）。其中前者称为"诱饵"，后者称为"猎物"。如图4-11-1所示，将"诱饵"和"猎物"转入合适的酵母菌株中，当DNA结合蛋白与调控序列上的特异结合位点结合时，"猎物"融合蛋白上的AD就会激活"诱饵"表达盒上的报告基因表达。

本实验中使用的酵母菌株为多个营养合成基因缺陷的突变菌株，其在相应的营养缺陷型培养基上无法正常生长，只有在添加了相应营养的培养基上才能生长。因此，通常将不同营养缺陷型基因作为"猎物"和"诱饵"的报告基因，观察它们在缺陷型培养基上的生长情况，进而可用于判断重组质粒是否转入酵母细胞中。

本实验基于GAL4-AbA酵母单杂交系统，该系统以Y1H Gold酵母菌株（基因型为*MATα*，*ura3-52*，*his3-200*，*ade2-101*，*trp1-901*，*leu2-3*，*112*，*gal4Δ*，*gal80Δ*，*met–*，*MEL1*）作为表达菌株、以pAbAi和pGADT7分别作为"诱饵"和"猎物"的骨架载体（图4-11-2），其中前者具有*URA3*报告基因、后者具有*LEU2*报告基因，使其表达后可以在尿嘧啶或亮氨酸缺陷型培养基上生长。此外，作为"诱饵"载体，pAbAi具有*AUR1-C*报告基因，该基因的激活表达可以使酵母菌株具有金担子素A

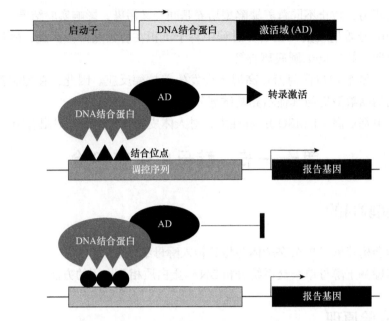

图4-11-1　酵母单杂交系统原理图（改自Wanke and Harter，2009）

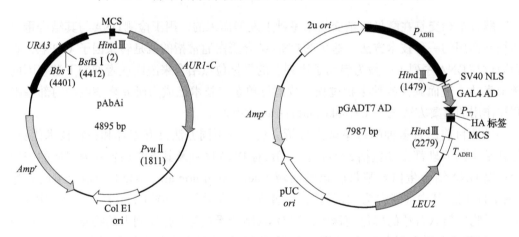

图4-11-2　pAbAi载体（左）和pGADT7载体（右）图谱（引自Clontech Y1H用户手册）

（AbA）抗性；而"猎物"载体pGADT7具有酵母转录因子 *GAL4* 基因的转录激活域（GAL4 AD）。

三、试剂与器材

（一）试剂

（1）1 mg/mL金担子素A：称取1 mg金担子素A粉末溶于1 mL甲醇中，用0.22 μm有机相滤膜过滤，过滤后的溶液可在－20℃保存。

（2）无菌细胞悬浮液：5%无菌甘油和10%无菌DMSO混合溶液。

（3）其他：鲑鱼精（Carrier）DNA（10 mg/mL）、PEG/LiAc溶液（配方见表4-10-1）、YPDA液体培养基、0.9% NaCl、Y1H Gold酵母感受态细胞、酵母缺陷型固体培养基（表4-11-1）、*Bst*B Ⅰ、*Bbs* Ⅰ、DMSO。

（二）器材

PCR仪、水浴锅、恒温摇床、离心机、恒温培养箱等。

四、实验步骤

（一）表达载体构建

分别根据pAbAi和pGADT7载体的多克隆位点信息和目的基因序列信息设计特异性引物，将目的DNA序列（后续称为Bait）构建入pAbAi载体（pBait-AbAi）、DNA结合序列（后续称为Prey）构建入pGADT7载体（pGADT7-Prey）。载体构建步骤参考第四章第三节。

（二）诱饵表达载体线性化

利用限制性内切酶*Bst*B Ⅰ或者*Bbs* Ⅰ对pBait-AbAi载体、pAbAi载体（阴性对照）、p53-AbAi载体（阳性对照）分别进行单酶切，酶切反应条件及体系参照相应限制性内切酶的使用说明，酶切反应操作步骤参考第四章第三节，酶切产物经琼脂糖凝胶电泳后进行凝胶回收纯化。

（三）线性化的诱饵表达载体转化酵母感受态

本实验中表达载体转化酵母感受态细胞采用乙酸锂（LiAc）转化法（Gietz，2014），具体操作步骤如下：

（1）将Carrier DNA沸水浴5 min后快速冰浴，然后再沸水浴5 min后冰浴备用。

（2）在Carrier DNA二次沸水浴期间，从−80℃超低温冰箱中取Y1H Gold酵母感受态细胞置于冰上备用。

（3）分别取1~5 μg（体积不超过15 μL）线性化pBait-AbAi载体、pAbAi载体、p53-AbAi载体置于1.5 mL无菌离心管中，分别加入10 μL沸水浴的Carrier DNA和100 μL Y1H Gold酵母感受态细胞，再加入500 μL PEG/LiAc溶液，轻轻翻转混匀8~10次。

（4）将上述混合液于30℃水浴锅中水浴30 min，其间每隔10 min轻轻翻转混匀8~10次，然后加入20 μL DMSO，再将其转移至42℃水浴锅水浴15 min，其间每隔5 min轻轻翻转混匀8~10次。

表4-11-1　不同类型酵母缺陷型培养基及配方

试剂	体系（1L）
不含氨基酸酵母氮源（YNB）	6.7 g
琼脂	20 g

注：根据不同类型酵母缺陷型培养基加入如下的含不同氨基酸的缺素酵母氮源粉剂。①SD/−Ura（单缺）：在不含任何氨基酸的SD培养基中加入−Ura DO supplement 0.74 g。②SD/−Leu（单缺）：在不含任何氨基酸的SD培养基中加入−Leu DO supplement 0.69 g。③SD/−Ura/AbA（二缺）：同SD/−Ura单缺培养基，倒培养基平板前加入AbA（AbA工作浓度需提前筛选）。④SD/−Leu /AbA（二缺）：同SD/−Leu单缺培养基，倒培养基平板前加入AbA（AbA工作浓度需提前筛选）。⑤定容到950 mL，调pH为5.8，高压灭菌后加入灭菌的40%葡萄糖50 mL，倒平板，于4℃保存

（5）将上述混合液12 000 r/min离心30 s，弃上清，再加入1 mL 1×YPDA液体培养基，于30℃恒温摇床中以100 r/min转速培养1 h。

（6）培养后的菌液以12 000 r/min转速离心30 s，弃上清，加入0.9% NaCl溶液重悬菌体至OD_{600}＝0.002，吸取100 μL菌液涂布于SD/－Ura和SD/－Ura/AbA平板上，在30℃恒温培养箱中倒置培养3～4 d后，观察菌落生长情况。不同诱饵载体在AbA抗性培养基上的预期表达结果如表4-11-2所示。

表4-11-2　不同诱饵载体在AbA抗性培养基上的预期表达结果

培养基	转p53-AbAi（阳性对照用）Y1H Gold克隆数	转pAbAi（阴性对照用）Y1H Gold克隆数	转pBait-AbAi Y1H Gold克隆数
SD/－Ura	～2000	～2000	～2000
SD/－Ura/AbA^{100}	0	0	Bait决定
SD/－Ura/AbA^{200}	0	0	Bait决定

注：AbA右上角的数字表示AbA的浓度（ng/mL），下表同，第一次用Bait进行酵母单杂交实验时需要筛选抑制pBait-AbAi克隆生长的合适AbA浓度，如当AbA的浓度达到1000 ng/mL时，仍然不能对pBait-AbAi克隆产生抑制作用，则表明该序列不适合用于酵母单杂交实验

（四）菌落PCR

对于筛选获得的阳性克隆，需通过PCR方法进一步验证。分别在pBait载体中的*AUR1-C*和*URA3*基因C端区域设计上下游引物，并以此为扩增引物进行酵母单克隆PCR检测。

（五）诱饵酵母感受态细胞的制备

酵母感受态细胞的制备参照Gietz和Schiestl于2007年发表的"Frozen competent yeast cells that can be transformed with high efficiency using the LiAC/SS carrier DNA /PEG method"论文中的实验方法：

（1）将上述验证的阳性单克隆置于5 mL YPDA液体培养基中，于30℃恒温摇床中以200 r/min转速过夜培养、活化。

（2）将活化后的菌液转移至新的5 mL YPDA液体培养基中，于30℃恒温摇床中以200 r/min转速培养至OD_{600}＝2.0。

（3）将上述菌液以5000 r/min离心5 min，弃上清，用0.5倍体积的ddH_2O重悬菌体。

（4）再将上述菌液以5000 r/min离心5 min，弃上清，用0.01倍体积的ddH_2O重悬菌体。

（5）最后，将上述菌液以5000 r/min再次离心5 min后，弃上清，用0.01倍体积的无菌细胞悬浮液重悬菌体。

（6）按照50 μL/管分装到1.5 mL无菌离心管中，放入－80℃超低温冰箱中，保存备用。

（六）pGADT7-Prey载体转化诱饵酵母感受态

根据筛选出的AbA浓度（本例中使用200 ng/mL）为工作浓度配制SD/－Leu和

SD/−Leu/AbA^{200}固体培养基，按照酵母感受态转化方法将pGADT7-Prey转化入制备好的诱饵酵母感受态细胞中，将其同时涂布于SD/−Leu和SD/−Leu/AbA^{200}平板上，于30℃恒温培养箱中倒置培养3～4 d后，观察菌落生长情况。预期情况如表4-11-3所示。

表4-11-3　预期的阳性结果

培养基	转入pBait-AbAi酵母感受态的pGADT7-Prey克隆生长情况	转入pAbAi酵母感受态的pGADT7-Prey克隆生长情况
SD/−Leu	有2 mm左右的菌落	有2 mm左右的菌落
SD/−Leu/AbA^{200}	有2 mm左右的菌落	无菌落或者有很小的菌落

五、实验结果与分析

图4-11-3为利用酵母单杂交分析Bait（CsCLH1启动子、CsCLH2启动子）和Prey（BPC6蛋白、CDF5蛋白）间互作的结果图片，如图所示，在SD/−Leu培养基平板上，ProCsCLH1-pAbAi、ProCsCLH2-pAbAi与BPC6和CDF5共转化酵母菌株能正常生长，表明其为阳性克隆菌株；而在SD/−Leu/AbA^{150}培养基平板上，只有ProCsCLH1-pAbAi、ProCsCLH2-pAbAi和CDF5共转化酵母菌株能正常生长，表明CsCLH1、CsCLH2启动子与CDF5蛋白互作，激活了下游报告基因表达，使共转化菌株具有AbA抗性；而CsCLH1、CsCLH2启动子与BPC6无互作效应，共转化菌株无AbA抗性，因此无法在SD/−Leu/AbA^{150}培养基平板上正常生长。

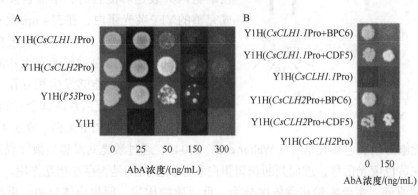

图4-11-3　BPC6、CDF5蛋白和*CsCLH1*、*CsCLH2*基因启动子互作的酵母单杂交分析（王涛，2022）

A. 筛选AbA浓度；B. *CsCLH1*基因启动子、*CsCLH2*基因启动子与BPC6蛋白、CDF5蛋白互作关系

六、注意事项

（1）本实验中诱饵表达载体需要进行线性化后方可转化酵母感受态，因此，线性化前诱饵表达载体浓度需较高，以便能回收得到较高浓度的线性质粒。

（2）当AbA筛选浓度达到1000 ng/mL时，仍不能抑制pBait-AbAi克隆的生长，则该DNA序列不适合以pAbAi载体作为Bait载体进行酵母单杂交实验。

（3）酵母单杂交实验需合理设置对照组，阴性对照可设置pAbAi空载体、位点突变的DNA序列等，阳性对照为p53-AbAi。

第十二节　双分子荧光互补（BiFC）检测蛋白质相互作用

一、实验目的

（1）学习利用双酶切反应构建BiFC载体。
（2）学会利用BiFC载体在拟南芥原生质体中检测蛋白质间的相互作用。

二、实验原理

双分子荧光互补（bimolecular fluorescent complimentary，BiFC）技术是指将分开的荧光蛋白片段与目的蛋白分别连接，在特定条件下，相连的荧光蛋白片段空间距离靠近组成完整的荧光蛋白，通过恢复天然构象的特性来直观地反映蛋白质间相互作用（Walter et al., 2004）。

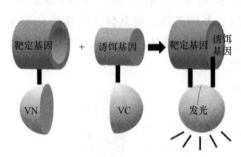

图4-12-1　BiFC原理示意图
VN. N端蛋白；VC. C端蛋白

BiFC原理是将荧光蛋白在合适的位点切开，形成不具有自发荧光的两个多肽（nYFP和cYFP）（图4-12-1）。这两个荧光蛋白片段在细胞内共表达和混合时，不能自发地组装成完整的YFP荧光蛋白，在514 nm激发波长下不能产生荧光信号。将两个荧光蛋白片段与诱饵蛋白和捕获蛋白进行融合表达时，如诱饵蛋白和捕获蛋白能够发生相互作用，那么两个不完整的荧光蛋白片段就会互相靠近，重新形成具有活性的YFP蛋白，在514 nm激发波长下能够产生黄色荧光信号（Walter et al., 2004）。通过激光共聚焦显微镜观察细胞内是否存在黄色荧光信号，进而判断诱饵蛋白和捕获蛋白间是否存在相互作用。

根据其原理，主要实验步骤依次分为：重组质粒构建、原生质体分离、重组质粒转化和荧光信号分析（图4-12-2）。

三、试剂与器材

（一）试剂

（1）酶解液：1.5% cellulose R10、0.4% macerozyme R10、0.4 mol/L甘露醇、20 mmol/L MES（pH 5.7）、20 mmol/L KCl，用ddH$_2$O定容至20 mL，现配现用。将酶解液加热至55℃，静置10 min，冷却至室温后加200 µL 1 mol/L CaCl$_2$、2 mL 1% BSA和5.6 mL ddH$_2$O。

（2）W5溶液：154 mmol/L NaCl、125 mmol/L CaCl₂、5 mmol/L KCl和2 mmol/L MES（pH 5.7），用ddH₂O定容至50 mL。

（3）PEG-CaCl₂转染液：0.2 mol/L甘露醇、100 mmol/LCaCl₂和40% PEG4000，用ddH₂O定容至10 mL，现配现用。

（4）MMG溶液：0.4 mol/L甘露醇、15 mmol/L MgCl₂和4 mmol/L MES（pH 5.7），用ddH₂O定容至2 mL，现配现用。

（5）WI溶液：0.5 mol/L甘露醇、20 mmol/L KCl和4 mmol/L MES(pH 5.7)，用ddH₂O定容至10 mL，现配现用。

（6）5% BSA溶液：称取0.5 g BSA，用ddH₂O定容至10 mL，现配现用。

（7）其他：琼脂糖、DH5α感受态细胞、质粒提取试剂盒。

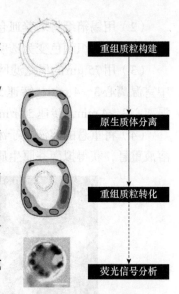

图4-12-2　BiFC检测蛋白质间相互作用流程图

（二）器材

激光共聚焦显微镜、水浴锅、恒温培养箱、电泳装置、PCR仪、恒温摇床、尼龙滤网、移液枪、离心机、六孔细胞培养皿等。

四、实验步骤

（一）重组质粒构建

（1）载体酶切：用限制性内切酶对pSPYNE-35S和pSPYCE-35S载体质粒进行双酶切，酶切方法见第四章第三节，并将酶切好的样品通过琼脂糖凝胶电泳进行分离，切割下含有目的片段的琼脂糖凝胶，并进行胶回收。

（2）目的片段连接与转化：设计带有pSPYNE-35S和pSPYCE-35S载体同源臂的诱饵基因和捕获基因特异性引物，利用PCR扩增诱饵基因和捕获基因编码框cDNA片段，通过琼脂糖凝胶电泳分离并回收胶。将诱饵基因和酶切后的pSPYNE-35S载体胶回收产物混合连接，捕获基因和酶切后的pSPYCE-35S载体胶回收产物混合连接，并将连接好的重组载体转化至DH5α感受态细胞中，在37℃培养箱中培养12 h。

（3）阳性克隆筛选：利用特异性引物对诱饵基因和捕获基因编码框片段进行PCR扩增，通过琼脂糖凝胶电泳判断克隆菌株中是否含有目的片段，将PCR验证正确的菌株送至测序公司测序。将测序正确的阳性克隆菌株在37℃摇床中扩大培养，并提取质粒。

（二）拟南芥原生质体分离

（1）量取10 mL酶解液加入细胞培养皿中，选取长势良好、完整展开的3～4周拟南芥植株叶片（图4-12-3），用小刀将叶片切成0.5～1 mm宽的条形组织，并将其置于酶解液中，直至液面铺满为止。

（2）用锡箔纸将培养皿包裹，置于暗处，室温孵育2.5～3 h。孵育后，酶解液颜色变绿，条形组织颜色变为透明，再向酶解液中加入等体积的W5溶液。

（3）用75 μm的尼龙滤网过滤酶解液至50 mL离心管中，将离心管放入高速离心机中室温离心3～4 min，转速56 r/min。去除上清，再加入等体积W5溶液重悬，再次室温离心3～4 min，转速56 r/min，去除上清，最后加入2～4 mL W5溶液重悬。

（4）将重悬的溶液置于冰上沉降30 min，用移液枪去除上清，加入2～4 mL MMG溶液重悬，获得拟南芥原生质体溶液（图4-12-4）。

 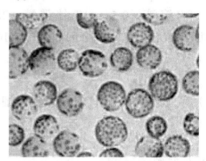

图4-12-3　适于原生质体分离的4周龄　　　　图4-12-4　拟南芥原生质体
健康拟南芥植株（Yoo et al., 2007）　　　　　　　（Yoo et al., 2007）
星号表示作为原生质体来源的最佳真叶

（三）重组质粒转化

（1）在2 mL离心管中同时加入10 μg诱饵基因和捕获基因的重组质粒、100 μL原生质体溶液、110 μL PEG-CaCl₂转化液，用手指轻弹使其混匀。

（2）将混合溶液室温避光孵育15 min，孵育后，加入400～440 μL W5溶液稀释，用手指轻弹使其混匀。将2 mL离心管放入高速离心机中室温离心3～4 min，转速56 r/min。用移液枪去除上清，再加入1 mL WI溶液重悬。

（3）用5% BSA溶液润洗六孔细胞培养皿，用移液枪将重悬的原生质体溶液转移至六孔细胞培养皿，用锡箔纸将培养皿包裹，室温避光孵育12 h。

（四）荧光信号分析

（1）将孵育后的原生质体溶液转移至2 mL离心管中，放入高速离心机中室温离心3～4 min，转速56 r/min。用移液枪去除部分上清直至剩余100 μL左右，最后用手指轻弹使其混匀。

（2）吸取以上溶液20 μL滴至载玻片上，用盖玻片进行压片，置于激光共聚焦显微镜下，在514 nm激发波长下观察YFP荧光信号。

五、实验结果与分析

下图为诱饵蛋白和捕获蛋白间互作后产生的YFP信号（图4-12-5），从图中可知，诱饵蛋白与捕获蛋白可能在细胞核中互作。

六、注意事项

（1）由于pSPYNE-35S和pSPYCE-35S载体中nYFP和cYFP标签位于多克隆位点后，因此，为使标签能够转录表达，在构建重组质粒时，应去除诱饵基因和捕获基因的终止密码子。

（2）在进行原生质体转化时，应避免大力摇晃，注意使用手指轻弹，使溶液上下混匀。

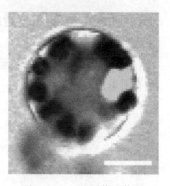

图4-12-5　YFP荧光信号

标尺＝10 μm

第十三节　Biacore检测蛋白质间相互作用

一、实验目的

（1）学习利用Biacore T200检测蛋白质与蛋白质间亲和力参数。

（2）学会利用Biacore T200 Evaluation Software分析亲和力参数。

二、实验原理

Biacore T200主要是基于表面等离子体共振（SPR）原理检测生物分子间的相互作用。

SPR原理是光在棱镜与金属膜表面上发生全反射现象时，会形成消逝波进入到光疏介质中，而在介质（薄金层等离子体）中又存在一定的等离子波，当两波相遇时可能会发生共振。当消逝波与表面等离子波发生共振时，检测到的反射光强会大幅度地减弱。能量从光子转移到表面等离子，入射光的大部分能量被表面等离子波吸收，使反射光的能量急剧减少（赵晓君等，2000）。全内反射条件下，入射光造成薄金层等离子体发生共振，导致反射光在某一特定角度（即SPR角）能量低至几乎为零（图4-13-1）。

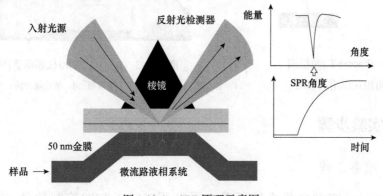

图4-13-1　SPR原理示意图

分子间可逆的结合/解离造成金膜附近折光率的实时变化，这一现象被Biacore T200实时记录。

根据其原理，主要实验步骤依次分为：固定配体、样品进样、芯片再生和数据分析（图4-13-2）。

三、试剂与器材

（一）试剂

S系列CM5芯片、氨基偶联试剂盒、10×HBS-EP$^+$缓冲液、去离子水、再生溶液（甘氨酸，pH 1.5、pH 2.0、pH 2.5或pH 3.0）、配体蛋白（纯度＞90%，浓度10 μmol/L，体积在300 μL以上）、分析蛋白（纯度＞90%，浓度10 μmol/L，体积在200 μL以上）、10 mmol/L醋酸钠。

（二）器材

Biacore T200仪器（图4-13-3）、超声振荡器等。

图4-13-2　Biacore T200检测蛋白质间相互作用流程图

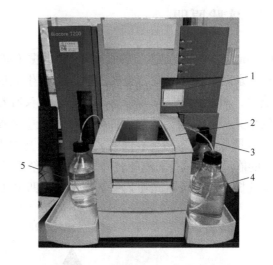

图4-13-3　Biacore T200仪器示意图
1. 芯片舱；2. 样品舱；3. 废液瓶；4. 清洗缓冲液；5. 运行缓冲液

四、实验步骤

（一）准备工作

打开Biacore T200主机系统开关，再打开Biacore T200控制软件"Biacore T200

Control Software"，建立主机系统与电脑的联系。用去离子水将10×HBS-EP⁺缓冲液稀释至500 mL 1×HBS-EP⁺，混匀并超声10 min。将进液管A插入稀释好的缓冲液中，放置在左侧舱门。取500 mL去离子水放置于右侧舱门，用于清洗进样针。

将一片新的CM5芯片放入舱门，点击"Dock Chip"按钮，系统自动转入待机模式；之后运行"Tools-Prime"命令，让缓冲液以高流速冲洗整个系统管路。

（二）配体蛋白偶联

（1）偶联量计算：根据以下公式计算配体蛋白偶联量：

$$R_{\max}=\frac{\text{Analyte MW}}{\text{Ligand MW}}\times R_L\times S_m \qquad (4.13.1)$$

式中，$R_{\max}$——芯片表面最大结合容量，在蛋白质测试中通常代入100 RU；

Analyte MW——分析蛋白的分子量；

Ligand MW——配体蛋白的分子量；

R_L——配体偶联水平，实验时实际偶联量为1.5倍的R_L；

S_m——化学计量比，未知时选择为1。

（2）预富集：分别用不同pH（5.5、5.0、4.5、4.0）的10 mmol/L乙酸钠溶液将配体蛋白稀释50倍左右，准备100 μL。点击"File-Open/New wizard template"，选择"immobilization-pH Scouting"，启动预富集程序，按照内置默认程序将准备的样品放置于样品舱中，确定预富集量最大的pH乙酸钠溶液为最佳偶联条件。注意：在同等预富集量的条件下，优先选用pH高的乙酸钠溶液。

（3）配体偶联：点击"File-Open/New wizard template"，选择"immobilization-Chip type（CM5）"，在"Flow cells per cycle"选1。勾选"Flow cell 2"，"method"选择"amine"氨基偶联。勾选"Flow path 2"，在"ligand"处输入配体蛋白名称，选择"aim for immobilized level"，"target level"输入计算得到的实际偶联量。

之后点击"Next"，勾选"Prime"，按照系统计算出的样品体积配制不同体积的样品溶液及偶联缓冲液，根据样品舱位置表将配制好的溶液放置在固定位置。点击"Next"后，确认运行缓冲液体积大于最低要求后，开始程序。

（三）分析蛋白检测

点击"File-Open/New wizard template"，双击"Kinetics/Affinity"，在弹出的界面中将"Flow path"选为2-1，"Chip type"选择CM5，点击"Next"。在"Setup"界面中，找到"Startup"中"Solution"一栏，填写"HBS-EP⁺"，并将"Number of cycles改为3，点击"Next"。在"Kinetics/Affinity-injection Parameter"界面下的"Sample"一栏填写"Contact time"为120 s，"Flow rate"为30 μL/min，"Dissociation time"为120 s，再生条件为不同pH的甘氨酸或NaOH溶液，再生条件为30 s。

在"Kinetics/Affinity-Sample"界面中填写分析蛋白信息，接着点击"Next"。按照系统计算出的样品体积配制不同体积的样品溶液，根据样品舱位置表将配制好的溶液放置在固定位置。点击"Next"后,确认运行缓冲液体积大于最低要求后,开始程序。

（四）数据分析

打开数据分析软件"Biacore T200 Evaluation Software",打开实验文件,点击"Kinetics/Affinity-Surface bound"。在"Kinetics/Affinity-Select Curves"界面下的"Select evaluation mode"中选择"Single mode",依次选择不同浓度的分析蛋白数据,进行进一步分析,点击"Next"。

点击"Kinetics"进行拟合,Model选择"1:1 Binding",点击"Fit"进行数据拟合。拟合结束后,获得Kd（解离常数）、Ka（结合常数）,通过公式KD（亲和力）=Kd/Ka计算KD值。

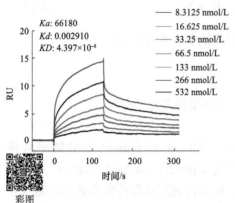

图4-13-4 配体与分析蛋白间的动力学曲线

五、实验结果与分析

下图为拟合后的Kinetics曲线（图4-13-4）,分析蛋白共有7个浓度梯度。计算后Ka值为66180,Kd值为0.002910,KD值为4.397×10^{-8}。其中,KD值越小,说明分析和配体蛋白间亲和力越强。

六、注意事项

（1）由于本实验采用的方法为氨基偶联法,带氨基基团的化合物会占用芯片上羧基化葡聚糖。因此,配体蛋白切勿使用带有氨基基团的缓冲液稀释,如氨基丁三醇（Tris）等。

（2）在进行配体偶联时,需要注意通道的切换,确保需要偶联的配体蛋白进入对应的通道。

（3）在对分析蛋白进行稀释时,避免使用高折光率物质,如甘油、蔗糖、咪唑等。

（4）在进行分析蛋白检测时,不同配体和分析蛋白间亲和力存在差异,在实际情况中要使用不同的再生液使其复合体解离再生,如不同pH的甘氨酸或NaOH溶液。

第十四节　蛋白质免疫印迹（Western blot）

一、实验目的

（1）学习和掌握蛋白质免疫印迹技术的原理和操作方法。

（2）学会分析蛋白质免疫印迹的实验结果。

二、实验原理

蛋白质免疫印迹（Western blot，WB）是一项应用广泛的蛋白质分析技术，可对待测样品中目的蛋白质进行定性和半定量分析。基本原理是通过特异性抗体对凝胶电泳分离后的样品进行显色，通过分析显色条带的位置和颜色深度获得特定蛋白质在样品中的表达情况信息。主要包括将提取的蛋白质样本通过SDS-聚丙烯酰胺电泳（SDS-PAGE），按相对分子量大小进行分离，并将其转移到固相载体，保持电泳分离的多肽类型及其生物学活性不变，如硝酸纤维素薄膜（NC）或聚偏二氟乙烯（PVDF）膜。转移后的PVDF膜就称为一个印迹（Blot），用蛋白质溶液封闭PVDF膜上的疏水结合位点。用目标蛋白的特异性抗体处理，形成抗原抗体复合物；再通过化学标记的二抗处理，使一抗二抗间形成复合物，经过底物显色或放射自显影，进而定性和半定量茶树中目的蛋白（图4-14-1）。蛋白质印迹技术结合了凝胶电泳分辨力高和固相免疫测定特异性高、敏感度高等诸多优点，能从复杂的混合物中对特定抗原进行鉴别和定量检测。

根据其原理，主要实验步骤依次分为：样品制备、上样与电泳、转膜、膜封闭、抗体孵育、显色（图4-14-2）。

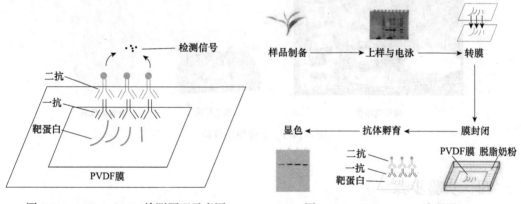

图4-14-1　Western Blot检测原理示意图　　　　图4-14-2　Western Blot流程图

三、试剂与器材

（一）试剂

（1）500 mL 1×TBST：量取25 mL 20×TBS，加入475 mL纯水和250 μL Tween-20。

（2）1 L转膜液：向烧杯中加入5.8 g Tris、2.9 g甘氨酸、200 mL甲醇，用纯水定容至1 L，最后用HCl将pH调至8.3。

（3）5×蛋白凝胶电泳缓冲液：15.1 g Tris、72.1 g甘氨酸、5 g SDS，然后用纯水定容至1 L。

（4）5%脱脂奶粉：1 g脱脂奶粉溶解于20 mL 1×TBST，现配现用。

（5）10%十二烷基硫酸钠（SDS）溶液：0.1 g SDS溶解于1 mL去离子水中，室温保存。

（6）10%过硫酸铵（APS）溶液：0.1 g APS溶解于1 mL去离子水中，室温保存。

（7）1.5 mmol/L Tris-HCl（pH 8.8）：18.15 g Tris溶解于48 mL 1 mol/L HCl中，用纯水定容至100 mL，过滤后于4℃保存。

（8）0.5 mmol/L Tris-HCl（pH 6.8）：6.05 g Tris溶解于40 mL纯水中，再加入48 mL的1 mol/L HCl调pH至6.8，最后用纯水定容至100 mL，过滤后于4℃保存。

（9）其他：纯甲醇、四甲基乙二胺（TEMED）、一抗、二抗、ECL化学显影液（显影液A和B）、40%聚丙烯酰胺、ddH₂O、溴酚蓝。

（二）器材

移液器、枪头、玻璃板、水浴锅、孵育盒、层析柜、滤纸、上样梳、吸水纸、手套、鸭爪镊子、搪瓷盘、PVDF膜、转膜板、黑色泡沫、凝胶成像仪、凝胶电泳仪、水平摇床等，主要使用仪器如图4-14-3所示。

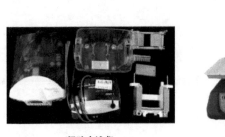

凝胶电泳仪　　　　　脱色摇床　　　　凝胶成像仪

图4-14-3　主要使用仪器

四、实验步骤

（一）上样与电泳

（1）按照表4-14-1，配制12%分离胶。混合后，注入两块洁净的玻璃板之间，其上加一层ddH₂O封胶，室温静置凝固30 min。

（2）待分离胶完全凝固后，倾去上层的ddH₂O。

（3）按照表4-14-2，配制5%浓缩胶。

（4）在凝固的分离胶顶部加满浓缩胶，插入10孔的上样梳，室温静置凝固30 min后，小心拔出上样梳，使样品孔竖直。

（5）用纯水将5×电泳缓冲液稀释成1×电泳缓冲液。当浓缩胶凝固后，将电泳板组装到电泳槽内，按电泳槽刻度线加入1×电泳缓冲液。

表4-14-1	12%分离胶	
试剂	一块胶加入量	二块胶加入量
ddH₂O	2.1 mL	4.3 mL
40%聚丙烯酰胺	1.5 mL	3.0 mL
1.5 mmol/L Tris-HCl pH 8.8	1.3 mL	2.5 mL
10% SDS	50 μL	100 μL
10% APS	50 μL	100 μL
TEMED	2 μL	4 μL

表4-14-2	5%浓缩胶	
试剂	一块胶加入量	二块胶加入量
ddH₂O	1.4 mL	2.7 mL
40%聚丙烯酰胺	0.33 mL	0.67 mL
0.5 mmol/L Tris-HCl pH 6.8	0.25 mL	0.5 mL
10% SDS	20 μL	40 μL
10% APS	20 μL	40 μL
TEMED	2 μL	4 μL

（6）用移液器向样品孔中加入适量蛋白质样品（蛋白质样品需提前在100℃水浴锅中煮沸变性，5×蛋白质Loading buffer和蛋白质样品按照1:4体积比混匀）。

（7）样品上样后，以初始电压80 V电泳30 min，此过程可在缓冲液中加入冰袋，防止蛋白质降解；电泳30 min后，电压转为120 V，直至Loading溴酚蓝指示条带迁移至分离胶底部。

（二）转膜

（1）电泳结束后，拆卸装置，用鸭爪镊子取出胶，用小刀切去非目的胶体。

（2）剪一个与目的胶大小一致的PVDF膜，并剪去膜一角以区分正反面，再将PVDF膜在甲醇中浸泡活化5 min。活化后，将PVDF膜、转膜板、黑色泡沫和两张滤纸放入盛有转膜液的搪瓷盘中浸泡10 min；最后，按照三明治法安装转膜板（图4-14-4）。

（3）安装完成后，检查PVDF膜、胶、滤纸间是否存在气泡，如存在，用玻璃棒除去之，安装转膜装置，加满转膜液，以电流320 mA转膜2 h，此过程可在缓冲液中加入冰袋，防止蛋白质降解。

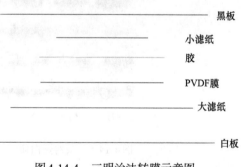

图4-14-4 三明治法转膜示意图

（三）膜封闭

（1）转膜结束后，用镊子取出PVDF膜，放入盛有5%脱脂奶粉溶液的培养皿中，膜正面向下，在水平摇床上封闭2 h。

（2）倒去脱脂奶粉溶液，在培养皿中加入10 mL TBST溶液，在水平摇床上清洗PVDF膜10 min，重复3次。

（四）抗体孵育和显影

（1）将清洗后的PVDF膜转移至孵育盒，正面朝下，加入按照1:5000 TBST稀释的一抗，于4℃层析柜中孵育过夜。

（2）一抗孵育后，倒出一抗溶液（可回收利用），再加入10 mL TBST，在水平摇床上洗膜10 min，重复3次。

（3）倒出洗膜后的TBST溶液，加入按照1∶5000 TBST稀释的二抗，在水平摇床上孵育2 h。

（4）二抗孵育后，倒出二抗溶液，加入10 mL TBST，在水平摇床上洗膜10 min，重复3次。

（5）按照显影液A∶B＝1∶1比例配制显影工作液，将PVDF膜以正面朝上转移至塑料片上，根据蛋白质Marker位置，在预估目的蛋白位置上缓慢均匀地加上显影工作液，静置2 min后，使用凝胶成像仪观察显影情况。

五、实验结果与分析

图4-14-5是对茶树叶片中5个蛋白质的免疫印迹分析。如图所示，根据显影条带深浅可知，Actin蛋白作为内参蛋白，在茶树5个月份采集的叶片中含量无显著变化，而CsANS、CsF3′5′H蛋白在四月份含量最高，CsMYB在8月份含量最高（Zhu et al., 2019）。

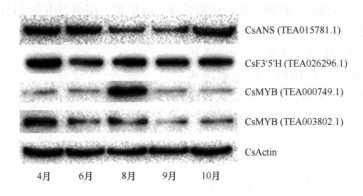

图4-14-5　茶树蛋白质的免疫印迹分析（Zhu et al., 2019）

六、注意事项

（1）根据目的蛋白分子量大小，应配制适宜浓度的分离胶，目的蛋白分子量越大，分离胶浓度越低。

（2）根据目的蛋白分子量大小，应注意转膜时间，目的蛋白分子量越大，可延长转膜时间。

（3）转膜时，应注意膜和胶的上下位置，位置颠倒将导致蛋白质转印失败。

（4）转膜时，可将转膜仪器放在磁力搅拌器上，在转膜溶液中放入一个转子，达到散热效果，防止蛋白质降解。

参 考 文 献

陈爱葵, 韩瑞宏, 李东洋, 等. 2010. 植物叶片相对电导率测定方法比较研究 [J]. 广东教育学院学报, 30 (05): 88-91.

陈思文, 康芮, 郭志远, 等. 2021. 茶树 *CsCML16* 基因的克隆及其低温胁迫下的表达分析 [J]. 茶叶科学, 41 (03): 315-326.

崔红军, 魏玉清. 2015. 酵母双杂交系统及其应用研究进展 [M]. 安徽农业科学, (013): 45-47.

崔俊霞, 魏康宁, 谢伊源, 等. 2018. 植物 microRNA 靶基因的预测与验证技术研究进展 [J]. 河南农业科学, 47: 1-7.

韩博平, 韩志国, 付翔. 2003. 藻类光合作用机理与模型 [M]. 北京: 科学出版社: 253

何旭秋. 2021. 茶树花青素半乳糖基转移酶的鉴定与分析 [D]. 杨凌: 西北农林科技大学硕士学位论文.

黄卓烈, 詹福建, 巫光宏等. 2003. 3 个桉树无性系过氧化氢酶活性及同工酶比较研究 [J]. 亚热带植物科学, 32 (1): 4-7.

贾勇炯, 曹有龙. 1998. 高矮秆水稻品种的核型分析及 Giemsa 染色区的比较研究 [J]. 四川大学学报 (自然科学版), 035 (005): 759-763.

姜平平, 吕晓玲, 朱惠丽. 2003. 花色苷类物质分离鉴定方法 [J]. 中国食品添加剂, (04): 108-111.

金安娜, 李建雄, 田志宏. 2014. 植物中 miRNA 及其靶基因 mRNA 剪切位点的常用检测方法 [J]. 长江大学学报 (自科版), 11: 43-50.

黎家, 李传友. 2019. 新中国成立 70 年来植物激素研究进展 [J]. 中国科学 (生命科学), 49 (10): 1127-1181.

李懋学, 陈瑞阳. 1985. 关于植物核型分析的标准化问题 [J]. 植物科学学报, 3 (004): 297-302.

李忠光, 龚明. 2008. 愈创木酚法测定植物过氧化物酶活性的改进 [J]. 植物生理学报, 044 (002): 323-324.

秦红霞, 刘敬梅, 宋玉霞. 2007. 转 *AtDREB1A* 的银新杨 APX 和 CAT 活性检测 [J]. 江西农业学报, (10): 89-91.

邱全胜. 1999. 植物细胞质膜 H^+-ATPase 的结构与功能 [J]. 植物学通报, (02): 27-31.

唐玉海, 郭春芳, 张木清. 2007. 一种提取茶树基因组 DNA 的方法——改良的 CTAB 法 [J]. 福建教育学院学报, (01): 99-101.

王海玮, 姜文轩, 范淑英, 等. 2009. 白菜总 RNA 的高效提取方法及常见问题分析 [J]. 安徽农业科学, 37 (27): 12945-12947.

王涛, 王艺清, 漆思雨, 等. 2022. 茶树 *CLH* 基因家族的鉴定与转录调控研究及其在白化茶树中的表达分析 [J]. 茶叶科学, 42 (3): 331-346.

王忠. 2000. 植物生理学 [M]. 北京: 中国农业出版社: 121-166.

王子佳, 李红梅, 弓爱君, 等. 2009. 蛋白质分离纯化方法研究进展 [J]. 化学与生物工程, 26 (08): 8-11.

韦朝领, 江昌俊, 陶汉之, 等. 2014. 茶树鲜叶中叶黄素循环组分的高效液相色谱法测定研究及其光保护功能鉴定 [J]. 茶叶科学, 01: 60-64.

薛鑫, 张芊, 吴金霞. 2013. 植物体内活性氧的研究及其在植物抗逆方面的应用 [J]. 生物技术通报, 10: 6-11.

俞兆程. 2018. 高效液相色谱仪基本原理、应用及故障排除 [J]. 资源节约与环保, 11: 146.

赵晓君, 陈焕文, 宋大千, 等. 2000. 表面等离子体子共振传感器 I: 基本原理 [J]. 分析仪器, (4): 1-8.

郑炳松. 2006. 现代植物生理生化研究技术 [M]. 北京: 气象出版社.

周琳, 徐辉, 朱旭君, 等. 2014. 脱落酸对干旱胁迫下茶树生理特性的影响 [J]. 茶叶科学, 34 (5), 8.

Arthur CL, Pawliszyn J. 1990. Solid phase microextraction with thermal desorption using fused silica optical fibers [J]. Analytical Chemistry, 62 (19): 2145-2148.

Bradford. 1976. A rapid and sensitive method for the quantitation of microgram quantities of protein utilizing the principle of protein-dye binding [J]. Analytical Biochemistry, 72: 248-254.

Chen X, Hao S, Wang L, et al. 2012. Late-acting self-incompatibility in tea plant (*Camellia sinensis*) [J]. Biologia, 67 (2): 347-351.

Dai X, Zhuang J, Wu Y, et al. 2017. Identification of a flavonoid glucosyltransferase involved in 7-OH site glycosylation in tea plants (*Camellia sinensis*) [J]. Sci Rep, 7: 5926.

Dinc E, Toth SZ, Schansker G, et al. 2011. Synthetic antisense oligodeoxynucleotides to transiently suppress different nucleus- and chloroplast-encoded proteins of higher plant chloroplasts [J]. Plant Physiology, 157 (4): 1628-1641.

Gietz RD, Schiestl RH. 2007. Frozen competent yeast cells that can be transformed with high efficiency using the LiAc/SS carrier DNA/PEG method [J]. Nature Protocols, 2 (1): 1-4.

Gietz RD. 2014. Yeast transformation by the LiAc/SS carrier DNA/PEG method. In: Xiao W. Yeast Protocols. Methods in Molecular Biology (Methods and Protocols), vol 1163 [M]. New York: Humana Press.

Jin Z, Sun B, Tan L, et al. 2020. Chromosomal karyotype analysis of *Camellia sinensis* cv Chuanhuang No. 1 [C]. AIP Publishing LLC, 2208 (1): 020032.

Liu S, An Y, Tong W, et al. 2019. Characterization of genome-wide genetic variations between two varieties of tea plant (*Camellia sinensis*) and development of InDel markers for genetic research [J]. BMC Genomics, 20: 935.

Liu S, Liu H, Wu A, et al. 2017. Construction of fingerprinting for tea plant (*Camellia sinensis*) accessions using new genomic SSR markers [J]. Molecular Breeding, 37 (8): 93.

Liu S, Mi X, Zhang R, et al. 2019. Integrated analysis of miRNAs and their targets reveals that miR319c/ TCP2 regulates apical bud burst in tea plant (*Camellia sinensis*) [J]. Planta, 250: 1111-1129.

Ma Q, Chen C, Zeng Z, et al. 2018. Transcriptomic analysis between self- and cross-pollinated pistils of tea plants (*Camellia sinensis*) [J]. BMC Genomics, 19 (1): 289.

Maxwell K, Johnson G N. 2000. Chlorophyll fluorescence——a practical guide [J]. Journal of Experimental Botany, 51: 659-668.

Reece HJ, Marian WA. 2012. Yeast one-hybrid assays: a historical and technical perspective [J]. Methods, 57 (4): 441-447.

Sandstrom RP, Deboer AH, Lomax TL, et al. 1987. Latency of plasmamembrane H^+-ATPase in vesicles isolated by aqueous phase pati-tioning [J]. Plant Physiol, 85 (3): 693-698.

Stebbins GL. 1971. Chromosomal evolution in higher plants [M]. London: EdwardArnold.

Valasek MA, Repa JJ. 2005. The power of real-time PCR [J]. Adv Physiol Educ, 29: 151-159.

Walter M, Chaban C, Schütze K, et al. 2004. Visualization of protein interactions in living plant cells using bimolecular fluorescence complementation [J]. The Plant Journal, 40: 428-438.

Wang S, Liu S, Liu L, et al. 2020. miR477 targets the phenylalanine ammonia-lyase gene and enhances the susceptibility of the tea plant (*Camellia sinensis*) to disease during Pseudopestalotiopsis species infection [J]. Planta, 251: 59.

Wang XC, Zhao QY, Ma CL, et al. 2013. Global transcriptome profiles of *Camellia sinensis* during cold acclimation [J]. BMC Genomics, 14: 415.

Wang S, Liu L, Mi X. et al. 2021. Multi-omics analysis to visualize the dynamic roles of defense genes in the response of tea plants to gray blight [J]. Plant J, 106: 862-875.

Wanke D, Harter K. 2009. Analysis of plant regulatory DNA sequences by the Yeast-One-Hybrid assay. In: Pfannschmidt T. Plant Signal Transduction. Methods in Molecular Biology, vol 479 [M]. Totowa: Humana Press.

Zhang XC, Wu HH, Chen LM, et al. 2019. Efficient iron plaque formation on tea (*Camellia sinensis*) roots contributes to acidic stress tolerance [J]. Journal of Integrative Plant Biology, 61 (02): 155-167.

Xu XF, Zhu HY, Ren YF, et al. 2021. Efficient isolation and purification of tissue-specific protoplasts from tea plants [*Camellia sinensis* (L.) O. Kuntze] [J]. Plant Methods, 17 (1): 84.

Yoo SD, Cho YH, Sheen J. 2007. *Arabidopsis mesophyll* protoplasts: a versatile cell system for transient gene expression analysis [J]. Nature Protocol, 2: 1565-1572.

Yuan XK, Yang ZQ, Li YX, et al. 2016. Effects of different levels of water stress on leaf photosynthetic characteristics and antioxidant enzyme activities of greenhouse tomato [J]. Photosynthetica, 54 (1): 28-39.

Zhang YH, Li YF, Wang Y, et al. 2020. Identification and characterization of N9-methyltransferase involved in converting caffeine into non-stimulatory theacrine in tea [J]. Nature Communications, 11: 1473.

Zhang Z, Kou X, Fugal K, et al. 2004. Comparison of HPLC methods for determination of anthocyanins and anthocyanidins in bilberry extracts [J]. J Agric Food Chem, 52 (4): 688-691.

Zhao M, Zhang N, Gao T, et al. 2020. Sesquiterpene glucosylation mediated by glucosyltransferase UGT91Q2 is involved in the modulation of cold stress tolerance in tea plants [J]. New Phytol, 226: 362-372.

Zhou Y, Liu Y, Wang S, et al. 2017. Molecular cloning and characterization of galactinol synthases in *Camellia sinensis* with different responses to biotic and abiotic stressors [J]. Journal of Agricultural & Food Chemistry, 65 (13): 2751.

Zhou Y, Deng R, Xu X, et al. 2021. Isolation of mesophyll protoplasts from tea (*Camellia sinensis*) and localization analysis of enzymes involved in the biosynthesis of specialized metabolites [J]. Beverage Plant Research, 1 (1): 1-9.

Zhu J, Wang X, Guo L, et al. 2018. Characterization and alternative splicing profiles of lipoxygenase gene family in tea plant (*Camellia sinensis*) [J]. Plant & Cell Physiology, (9): 9.

Zhu J, Wang X, Xu Q, et al. 2018. Global dissection of alternative splicing uncovers transcriptional diversity in tissues and associates with the flavonoid pathway in tea plant (*Camellia sinensis*) [J]. BMC Plant Biol, 18: 266.

Zhu J, Xu Q, Zhao S, et al. 2019. Comprehensive co-expression analysis provides novel insights into temporal variation of flavonoids in fresh leaves of the tea plant (*Camellia sinensis*) [J]. Plant Science, 290: 110306.

Zhu J, Yan X, Liu S, et al. 2022. Alternative splicing of *CsJAZ1* negatively regulates flavan-3-ol biosynthesis in tea plants [J]. Plant J, 110 (1): 243-261.

参考文献